21 世纪全国应用型本科计算机案例型规划教材

JSP 设计与开发案例教程

杨田宏　刘海学　那　勇　编　著

内容简介

本书基于 Sun 公司发布的 Java EE 6 SDK Update 3 开发工具包和 GlassFish Server 3.1.1 服务器，以丰富的示例为引导，图文并茂地展示了主流 Java Web 应用技术——JSP 的设计与开发。全书共有 11 章，分别从 Web 开发基础、JSP 基本语法、JSP 动作元素、JSP 内置对象、JSP 结合 JavaScript、JDBC 与数据库操作、JSP 与 JavaBean、JSP 的文件操作、Servlet 技术、JSP 的 XML 操作、Struts 应用基础等不同角度依次展示 JSP 中最基础、也是最重要的核心特性。本书力求示例的"学与做"，突出对 JSP 核心特性的设计和应用。通过对 JSP 这些特性的深入了解，将有助于读者对 Web 编程思想和编程技术的掌握和提高。

本书可作为高等院校计算机相关专业的教材，也可供 JSP 爱好者自学使用，以及供 JSP 程序员参考使用。

图书在版编目(CIP)数据

JSP 设计与开发案例教程/杨田宏，刘海学，那勇编著.—北京：北京大学出版社，2014.3
(21 世纪全国应用型本科计算机案例型规划教材)
ISBN 978-7-301-23734-2

Ⅰ.①J… Ⅱ.①杨…②刘…③那… Ⅲ.①JAVA 语言—网页制作工具—高等学校—教材 Ⅳ.①TP312②TP393.092

中国版本图书馆 CIP 数据核字(2014)第 011488 号

书　　　　名：	JSP 设计与开发案例教程
著作责任者：	杨田宏　刘海学　那　勇　编著
策划编辑：	郑　双
责任编辑：	郑　双
标准书号：	ISBN 978-7-301-23734-2/TP・1321
出版发行：	北京大学出版社
地　　　　址：	北京市海淀区成府路 205 号　100871
网　　　　址：	http://www.pup.cn　新浪官方微博：@北京大学出版社
电子信箱：	pup_6@163.com
电　　　　话：	邮购部 62752015　发行部 62750672　编辑部 62750667　出版部 62754962
印　刷　者：	三河市博文印刷厂
经　销　者：	新华书店
	787 毫米×1092 毫米　16 开本　16 印张　362 千字
	2014 年 3 月第 1 版　2014 年 3 月第 1 次印刷
定　　　价：	32.00 元

未经许可，不得以任何方式复制或抄袭本书之部分或全部内容。
版权所有，侵权必究
举报电话：010-62752024　电子信箱：fd@pup.pku.edu.cn

21世纪全国应用型本科计算机案例型规划教材

专家编审委员会

(按姓名拼音顺序)

主　任	刘瑞挺			
副主任	陈　钟	蒋宗礼		
委　员	陈代武	房爱莲	胡巧多	黄贤英
	江　红	李　建	娄国焕	马秀峰
	祁亨年	汪新民	王联国	谢安俊
	解　凯	徐　苏	徐亚平	宣兆成
	姚喜妍	于永彦	张荣梅	

信息技术的案例型教材建设

(代丛书序)

刘瑞挺

北京大学出版社第六事业部在 2005 年组织编写了《21 世纪全国应用型本科计算机系列实用规划教材》，至今已出版了 50 多种。这些教材出版后，在全国高校引起热烈反响，可谓初战告捷。这使北京大学出版社的计算机教材市场规模迅速扩大，编辑队伍茁壮成长，经济效益明显增强，与各类高校师生的关系更加密切。

2008 年 1 月北京大学出版社第六事业部在北京召开了"21 世纪全国应用型本科计算机案例型教材建设和教学研讨会"。这次会议为编写案例型教材做了深入的探讨和具体的部署，制定了详细的编写目的、丛书特色、内容要求和风格规范。在内容上强调面向应用、能力驱动、精选案例、严把质量；在风格上力求文字精练、脉络清晰、图表明快、版式新颖。这次会议吹响了提高教材质量第二战役的进军号。

案例型教材真能提高教学的质量吗？

是的。著名法国哲学家、数学家勒内·笛卡儿(Rene Descartes，1596—1650)说得好："由一个例子的考察，我们可以抽出一条规律。(From the consideration of an example we can form a rule.)"事实上，他发明的直角坐标系，正是通过生活实例而得到的灵感。据说是在 1619 年夏天，笛卡儿因病住进医院。中午他躺在病床上，苦苦思索一个数学问题时，忽然看到天花板上有一只苍蝇飞来飞去。当时天花板是用木条做成正方形的格子。笛卡儿发现，要说出这只苍蝇在天花板上的位置，只需说出苍蝇在天花板上的第几行和第几列。当苍蝇落在第四行、第五列的那个正方形时，可以用(4，5)来表示这个位置……由此他联想到可用类似的办法来描述一个点在平面上的位置。他高兴地跳下床，喊着"我找到了，找到了"，然而不小心把国际象棋撒了一地。当他的目光落到棋盘上时，又兴奋地一拍大腿："对，对，就是这个图"。笛卡儿锲而不舍的毅力，苦思冥想的钻研，使他开创了解析几何的新纪元。千百年来，代数与几何，井水不犯河水。17 世纪后，数学突飞猛进的发展，在很大程度上归功于笛卡儿坐标系和解析几何学的创立。

这个故事，听起来与阿基米德在浴缸洗澡而发现浮力原理，牛顿在苹果树下遇到苹果落到头上而发现万有引力定律，确有异曲同工之妙。这就证明，一个好的例子往往能激发灵感，由特殊到一般，联想出普遍的规律，即所谓的"一叶知秋"、"见微知著"的意思。

回顾计算机发明的历史，每一台机器、每一颗芯片、每一种操作系统、每一类编程语言、每一个算法、每一套软件、每一款外部设备，无不像闪光的珍珠串在一起。每个案例都闪烁着智慧的火花，是创新思想不竭的源泉。在计算机科学技术领域，这样的案例就像大海岸边的贝壳，俯拾皆是。

事实上，案例研究(Case Study)是现代科学广泛使用的一种方法。Case 包含的意义很广：包括 Example 例子, Instance 事例、示例, Actual State 实际状况, Circumstance 情况、事件、境遇，甚至 Project 项目、工程等。

我们知道在计算机的科学术语中，很多是直接来自日常生活的。例如 Computer 一词早在 1646 年就出现于古代英文字典中，但当时它的意义不是"计算机"而是"计算工人"，即专门从事简单计算的工人。同理，Printer 当时也是"印刷工人"而不是"打印机"。正是由于这些"计算工人"和"印刷工人"常出现计算错误和印刷错误，才激发查尔斯·巴贝奇(Charles Babbage，1791—1871)设计了差分机和分析机，这是最早的专用计算机和通用计算机。这位英国剑桥大学数学教授、机械设计专家、经济学家和哲学家是国际公认的"计算机之父"。

20 世纪 40 年代，人们还用 Calculator 表示计算机器。到电子计算机出现后，才用 Computer 表示计算机。此外，硬件(Hardware)和软件(Software)来自销售人员。总线(Bus)就是公共汽车或大巴，故障和排除故障源自格瑞斯·霍普(Grace Hopper，1906—1992)发现的"飞蛾子"(Bug)和"抓蛾子"或"抓虫子"(Debug)。其他如鼠标、菜单……不胜枚举。至于哲学家进餐问题，理发师睡觉问题更是操作系统文化中脍炙人口的经典。

以计算机为核心的信息技术，从一开始就与应用紧密结合。例如，ENIAC 用于弹道曲线的计算，ARPANET 用于资源共享以及核战争时的可靠通信。即使是非常抽象的图灵机模型，也受益于二战时图灵博士破译纳粹密码工作的关系。

在信息技术中，既有许多成功的案例，也有不少失败的案例；既有先成功而后失败的案例，也有先失败而后成功的案例。好好研究它们的成功经验和失败教训，对于编写案例型教材有重要的意义。

我国正在实现中华民族的伟大复兴，教育是民族振兴的基石。改革开放 30 年来，我国高等教育在数量上、规模上已有相当的发展。当前的重要任务是提高培养人才的质量，必须从学科知识的灌输转变为素质与能力的培养。应当指出，大学课堂在高新技术的武装下，利用 PPT 进行的"高速灌输"、"翻页宣科"有愈演愈烈的趋势，我们不能容忍用"技术"绑架教学，而是让教学工作乘信息技术的东风自由地飞翔。

本系列教材的编写，以学生就业所需的专业知识和操作技能为着眼点，在适度的基础知识与理论体系覆盖下，突出应用型、技能型教学的实用性和可操作性，强化案例教学。本套教材将会有机融入大量最新的示例、实例以及操作性较强的案例，力求提高教材的趣味性和实用性，打破传统教材自身知识框架的封闭性，强化实际操作的训练，使本系列教材做到"教师易教，学生乐学，技能实用"。有了广阔的应用背景，再造计算机案例型教材就有了基础。

我相信北京大学出版社在全国各地高校教师的积极支持下，精心设计，严格把关，一定能够建设出一批符合计算机应用型人才培养模式的、以案例型为创新点和兴奋点的精品教材，并且通过一体化设计，实现多种媒体有机结合的立体化教材，为各门计算机课程配齐电子教案、学习指导、习题解答、课程设计等辅导资料。让我们用锲而不舍的毅力，勤奋好学的钻研，向着共同的目标努力吧！

刘瑞挺教授 本系列教材编写指导委员会主任、全国高等院校计算机基础教育研究会副会长、中国计算机学会普及工作委员会顾问、教育部考试中心全国计算机应用技术证书考试委员会副主任、全国计算机等级考试顾问。曾任教育部理科计算机科学教学指导委员会委员、中国计算机学会教育培训委员会副主任。PC Magazine《个人电脑》总编辑、CHIP《新电脑》总顾问、清华大学《计算机教育》总策划。

前　言

计算机编程技术从出现至今，已经历了相当长的发展历程。作为计算机教育工作者，我们越来越体会到：程序设计中最重要的不是流水化的代码编制，而是程序设计者本身。如果程序设计者本身的编程素养不高，那么最多只能是"生产"代码的工具而已。《JSP设计与开发案例教程》一书的创作灵感和设计组织就是基于这样的思想：不停留在JSP技术复杂的理论机制和语言规范，而尝试揭示JSP编程技术最基本的"应用"特性，作为一种将读者从繁琐编码中解放出来的尝试，使更多JSP技术爱好者成为具有独立"设计"理念的程序工程人员。

为了能按这种方式来更好地理解本书内容，首先读者必须掌握JSP与编程的一些基本概念。本书讨论了JSP编程技术最基本的一些"应用"特性及JSP用以设计实现它们的方法。我们对每一章的安排都建立在如何较好地展示JSP编程技术在某种特定"应用"方面的设计实现基础上，希望以这种方式，逐步引导读者一步一步地进入JSP的世界，并最终领会JSP的神奇所在。

但需要特别注意的是，我们所提供的每一个"设计"思路和方法都不是通向JSP编程世界及解决问题的唯一途径，读者需要借助自身现有的知识体系加深对本书"设计"思想的理解。对JSP的一系列特性集合进行整体综合的考虑、设计，而非仅仅简单地编码、移用，从而使读者真正体会到JSP的强大。

同时，本书设计了一系列规模适中的学习模块，以保证读者可以在一个合理的时间内完成学习。因此，本书在内容安排设计时认真考虑了人们学习JSP的方式。在以往的教学中，我们编制了大量教学案例，经过反复地试验和修订，从中汲取集成了教学经验中的经验总结。例如，在以往教学中，学习者的反映有效地帮助我们认识到哪些知识点是比较困难的，需特别加以留意；哪些知识点容易引起混淆，需要加深解释；等等。其中很多都是由一系列离散的小问题组成的。因此，在本书中，我们进行了尝试和努力，试图使学习者在学习过程中尽可能少地出现这些问题。下面是本书将努力实现的目标：

(1) 对书中的每章精选示例进行讲解，用以较好地展示JSP某项特性的"应用"。

(2) 为了更好地激发学习者的学习兴趣，使他们能充分理解知识讲解的每个细节，本书所采用的示例尽可能简短。在这个环节上，为了追求在"有限时间"内的学习效果，我们遵循了简化的原则，而选择性地牺牲了部分示例的完整性。

(3) 示例讲解通俗，步骤详细，全书始终贯穿着"跟我做"的思想，加上丰富的插图和提示说明，让每个知识点都一目了然。

(4) 要揭示的JSP的"应用"特性，尽量贴近学习者的思想历程和学习习惯，据此精心编排顺序讲解，同时，每次都将学习内容向前推进一小步，便于读者对内容的积累、消化、吸收和进一步利用。当然，读者也可以根据自己实际的知识掌握情况，有选择地进行跳跃式学习。

(5) 每章都有明确的学习目标和学习重点，并围绕学习目标展开相关的学习内容布置

和安排，这样做不仅能让读者的学习目的更明确，也能让学习内容更易于理解，使其对学习产生更大的信心。

（6）为使读者巩固对每章新知识的掌握，我们在每章结束时都安排了一系列类型丰富的练习，大多数练习比较简单，有助于检测和加深读者对知识的掌握；但也有些题目比较具有挑战性，这是为那些有兴趣深入研究的读者准备的。

（7）本书配备了所有示例的源代码，以方便读者使用。所有源代码都作为保留版权的免费软件提供，为保证大家能够更便利地获得这些源代码，我们将在作者个人主页及其他正式源代码下载处定期发布本书源代码的最新版本，读者在尊重本书作者版权的情况下，可在课堂及其他场所引用这些代码。

（8）本书编者的 E-mail 是 liuhaixue996@sohu.com，如果读者在学习过程中遇到困难或对本书有任何建议，可以给我们发送电子邮件，我们会及时回复，所有读者的反馈都将帮助我们修改及重新调整学习内容的重心，直到我们最后认为它成为一个较为完善的教学载体为止。

本书所演示的所有示例都基于 Sun 公司发布的最新的 Java EE 6 SDK Update 3 开发工具包和 GlassFish Server 3.1.1 服务器，至本书完稿为止，尚未推出更新版本。包括在本书中涉及的一些其他工具包、插件及类库等，我们都特别指出了所采用的版本及下载地址和安装部署方式，为了避免由于版本号原因导致程序代码运行错误，请读者选择安装相应的版本号软件运行程序。关于不同环境下程序代码运行的可靠性测试，以及对后续更新版本软件的支持，编者将会在以后的工作中不断地加以补充完善。

我们理解错误可能破坏读书的乐趣，并浪费大量的时间，因此，我们要尽量减少书中的错误。但无论作者花多大精力来避免，错误总是从意想不到的地方冒出来。如果您认为自己发现了一个错误，请为我们及时指出。我们很乐意倾听您对本书的意见，或者您也可以告诉我们要如何改进，您可以直接向 liuhaixue996@sohu.com 发送电子邮件。我们非常重视您的意见并尽最大努力改进我们的工作。当然，我们会尽力回答关于本书内容的所有问题，但是我们却无法回答您从书中代码衍生出的代码程序中的错误。

长期以来，我们一直与华东师范大学应用技术研究所、同济大学软件学院、上海财经大学信息管理与工程学院、上海应用技术学院机器嗅觉实验室、上海电力学院计算机科学工程系、上海创件信息科技有限公司、HP 中国软件研究中心、濮阳教育委员会、支付宝（中国）网络技术有限公司等科研院所、企事业单位保持着密切的合作伙伴关系。非常感谢他们能与我们一同交流探讨，并无私地分享各自的科研成果、思想理念、技术方案等宝贵的知识财富，正是有了这些才源源不断地聚集形成了本书的思想源泉和支撑根基，才能使我们在整个创作过程中都能专注于核心环节的编写，并顺利地完成本书的设计。

在这里我们要感谢顾君忠教授、贺梁教授、刘云翔教授、曹奇英教授、冯佳昕教授、胡建人副教授、吕钊副教授、杨静副教授、吴君老师等，他们给予的一些意见和支持发挥了非常关键的作用，并帮助我们澄清、纠正了专业知识方面的一些概念；感谢孟玲玲博士、崔修涛博士、杨燕博士、薛梅博士、倪琳博士、王明佳博士、李江峰博士等，他们与我们一同分享研究的经验，和我们花费了数月的时间将教学内容合并到一起，并探讨如何使学生感受到最完美的学习体验；感谢刘璇高级工程师、李吉存工程师、翁群工程师、费静婷工程师、上海应用技术学院机器嗅觉实验室、华东师范大学 MMIT 实验室为本书技术的实

前　言

现提供的大力支持；感谢我们教授过的那些学生，他们也是我们的老师，他们提出的问题使我们的教学内容愈发成熟起来……曾向我们提供过支持的朋友当然远远不止这些，由于篇幅所限，不能一一列举，我们真心感激所有这些朋友的支持。

这虽然不是我们第一次出书，但对这本书的出版异常重视。感谢北京大学出版社的郑双老师，是他为我们的工作清除了所有可能遇到的障碍，使我们感受了一次愉快的出书经历，同时，也要感谢编辑部的其他老师，正是他们强大的信心与毅力，才使我们最终梦想成真。

由于时间仓促和编者水平有限，对书中有些问题的研究不够，内容难免有偏失不当之处，还望读者多批评指教，谢谢大家！

编　者
2013 年 6 月

目 录

第1章 Web 开发基础 1
  1.1 相关理论知识 2
    1.1.1 Web 应用系统基本原理 2
    1.1.2 Java Web 应用目录结构 3
    1.1.3 Java Web 应用开发流程 4
  1.2 相关实践知识 5
    1.2.1 安装 Java EE 6 SDK Update 3 开发工具包 5
    1.2.2 Java 运行环境配置 9
    1.2.3 运行和管理 GlassFish Server 3.1.1 服务器 11
  1.3 实验安排 14
  1.4 相关知识总结与拓展 14
    1.4.1 知识网络拓展 14
    1.4.2 其他知识补充 15
  习题 15

第2章 JSP 基本语法 17
  2.1 相关理论知识 18
    2.1.1 Java 语言的基本组成 18
    2.1.2 JSP 的执行过程 26
    2.1.3 JSP 页面的组成元素 28
  2.2 相关实践知识 32
    2.2.1 编写第一个 JSP 页面 32
    2.2.2 使用 Eclipse Java EE IDE 创建项目 36
  2.3 实验安排 40
  2.4 相关知识总结与拓展 40
    2.4.1 知识网络拓展 40
    2.4.2 其他知识补充 44
  习题 45

第3章 JSP 动作元素 47
  3.1 相关理论知识 48
    3.1.1 JSP 动作元素的组成及作用 48
    3.1.2 JavaBean 组件技术 51
  3.2 相关实践知识 53
    3.2.1 实现不同 JSP 页面间的跳转 53
    3.2.2 用 JavaBean 实现用户信息注册 56
  3.3 实验安排 60
  3.4 相关知识总结与拓展 60
    3.4.1 知识网络拓展 60
    3.4.2 其他知识补充 62
  习题 63

第4章 JSP 内置对象 65
  4.1 相关理论知识 66
    4.1.1 JSP 内置对象的组成 66
    4.1.2 JSP 内置对象的方法 67
  4.2 相关实践知识 70
    4.2.1 实现网站计数器功能 70
    4.2.2 实现错误异常的捕获和处理 73
  4.3 实验安排 79
  4.4 相关知识总结与拓展 79
    4.4.1 知识网络拓展 79
    4.4.2 其他知识补充 81
  习题 81

第5章 JSP 结合 JavaScript 84
  5.1 相关理论知识 85
    5.1.1 客户端编程原理及使用 85
    5.1.2 JavaScript 基础编程技术 86
  5.2 相关实践知识 92
    5.2.1 客户端信息验证 92
    5.2.2 客户端 JavaScript 和服务器端 JSP 的数据交互 99

5.3 实验安排 102
5.4 相关知识总结与拓展 102
　　5.4.1 知识网络拓展 102
　　5.4.2 其他知识补充 105
习题 105

第 6 章　JDBC 与数据库操作 107

6.1 相关理论知识 108
　　6.1.1 JDBC 基础 108
　　6.1.2 SQL 109
　　6.1.3 JDBC 编程 112
6.2 相关实践知识 114
6.3 实验安排 129
6.4 相关知识总结与拓展 129
　　6.4.1 知识网络拓展 129
　　6.4.2 其他知识补充 132
习题 132

第 7 章　JSP 与 JavaBean 134

7.1 相关理论知识 135
　　7.1.1 JavaBean 的设计 135
　　7.1.2 JSP 中 JavaBean 的使用 137
7.2 相关实践知识 138
　　7.2.1 JavaBean 作用范围测试 138
　　7.2.2 使用 JavaBean 访问数据库 142
7.3 实验安排 145
7.4 相关知识总结与拓展 146
　　7.4.1 知识网络拓展 146
　　7.4.2 其他知识补充 146
习题 146

第 8 章　JSP 的文件操作 149

8.1 相关理论知识 150
　　8.1.1 文件和目录的基本操作 150
　　8.1.2 Java 中文件处理的相关类 151
8.2 相关实践知识 156
8.3 实验安排 164
8.4 相关知识总结与拓展 164
　　8.4.1 知识网络拓展 164

　　8.4.2 其他知识补充 165
习题 165

第 9 章　Servlet 技术 168

9.1 相关理论知识 169
　　9.1.1 Servlet 基础 169
　　9.1.2 Servlet 的结构与配置 170
　　9.1.3 Servlet 在 JSP 中的应用 172
9.2 相关实践知识 172
9.3 实验安排 180
9.4 相关知识总结与拓展 181
　　9.4.1 知识网络拓展 181
　　9.4.2 其他知识补充 184
习题 185

第 10 章　JSP 的 XML 操作 187

10.1 相关理论知识 188
　　10.1.1 XML 基础语法 188
　　10.1.2 Java 语言 XML 处理 API 191
　　10.1.3 JSP 的 XML 操作分类 194
10.2 相关实践知识 198
10.3 实验安排 209
10.4 相关知识总结与拓展 209
　　10.4.1 知识网络拓展 209
　　10.4.2 其他知识补充 210
习题 210

第 11 章　Struts 应用基础 213

11.1 相关理论知识 214
　　11.1.1 Struts 应用框架介绍 214
　　11.1.2 Struts 2 的配置与应用 215
　　11.1.3 Struts 2 的标签库 221
11.2 相关实践知识 222
11.3 实验安排 230
11.4 相关知识总结与拓展 230
　　11.4.1 知识网络拓展 230
　　11.4.2 其他知识补充 236
习题 237

参考文献 239

第 1 章

Web 开发基础

教学目标

(1) 了解 Web 应用系统基本原理、JSP 应用系统目录结构和 JSP 应用开发流程；
(2) 熟悉 Java EE 6 SDK Update 3 开发工具包的下载、安装和使用；
(3) 掌握运行和管理 GlassFish Server 3.1.1 服务器；
(4) 熟悉 Java 运行环境参数的设置和使用，了解常用 Java 运行环境命令的使用。

教学任务

(1) 学习 JSP 技术之前需要掌握的基础知识；
(2) 安装 Java EE 6 SDK Update 3 开发工具包；
(3) 配置 Java 运行环境；
(4) 运行、管理 GlassFish Server 3.1.1 服务器，测试示例程序的部署和演示。

1.1 相关理论知识

1.1.1 Web 应用系统基本原理

World Wide Web(万维网)技术作为 Internet 上信息资源共享的解决方案,是构建在浏览器/服务器(Browser/Server, B/S)模型及 HTTP 协议的基础上的。我们可以将以 B/S 结构为基础的 Web 应用程序的运作模式简单地描述为从请求到处理,再到响应(见图 1-1)。

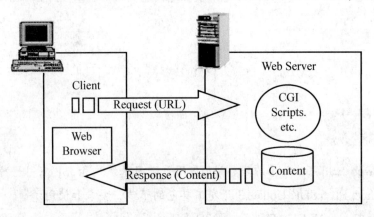

图 1-1　B/S 结构示意图

从图 1-1 中我们可以看到由浏览器提交的请求传给 Web 服务器,由服务器调用相应的网页应用程序进行处理,处理的结果——网页由 Web 服务器作为对请求的应答发送给浏览器。至于对提交的信息如何处理,就交由 Web 应用程序的开发人员编写相关的代码来决定。如果需要对数据库、文档等资源内容进行访问,开发人员还可以利用 Web 服务器所提供的接口对其进行操作。

了解了 B/S 结构,也就理解了 Web 应用程序的原理。常见的聊天室、BBS 论坛等,都是基于 B/S 结构的网页应用程序。我们再以 JSP 为例,了解一个基于 JSP 的 Web 应用系统页面交互的过程,大致过程描述如下。

(1) 浏览器发出对 Web 页面的请求。

(2) 浏览器利用 URL 辨别 Web 服务器的地址,找到自己需要的主页,并给出 Web 服务器需要的其他信息,这些信息包括浏览名称(Internet Explorer)、版本(8.0)、操作系统(Windows 7)及用来填写的表等。

(3) 如果请求的是 HTML 文件,Web 服务器就简单地找到该文件,然后传送该文件的内容到浏览器,浏览器得到内容后就开始将基于 HTML 的代码译成页面。

(4) 当请求的是 JSP 页面时,并不立即发送文件的内容。首先会执行脚本,由脚本产生一些 HTML 代码,然后将这些代码传送给 JSP 执行引擎,再由它将 HTML 文件传送给 Web 浏览器。JSP 的 Web 应用系统交互运行模式如图 1-2 所示。

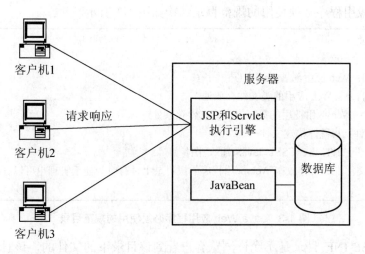

图 1-2　JSP 的 Web 应用系统交互运行模式

1.1.2　Java Web 应用目录结构

　　Sun 公司曾经对 Java Web 应用做出如下解释："Java Web 应用由一组 Servlet/JSP、HTML 文件、相关 Java 类，以及其他可以被绑定的资源构成，它可以在由各种供应商提供的符合 Servlet 规范的容器中运行。"

　　从上述对 Java Web 应用的描述可以看出，Java Web 应用可以在多种符合 Servlet 规范的容器中运行。在 Java Web 应用中可以包含如下内容。

　　(1) Servlet：标准 Servlet 接口的实现类，运行在服务器端，包含了被 Servlet 容器动态调用的程序代码。

　　(2) JSP：包含 Java 程序代码的 HTML 文档，运行在服务器端。当客户端请求访问 JSP 文件时，Servlet 容器首先把它编译成 Servlet 类，然后动态调用它的程序代码。

　　(3) 相关的 Java 类：开发人员自定义的与 Web 应用相关的 Java 类。

　　(4) 静态文档：存放在服务器端的文件系统中。当客户端请求访问这些文件时，Servlet 容器首先从本地文件系统中读取这些文件的数据，再把它发送到客户端。

　　(5) 客户端类：由客户端运行的类。Applet 是典型的客户端类，当客户端请求访问 Applet 时，Servlet 容器首先从本地文件系统中读取 Applet 的.class 文件中的数据，再把它发送到客户端，由客户端运行 Applet。

　　(6) web.xml 文件：Java Web 应用的配置文件，采用 XML 格式。该文件必须位于 Web 应用的 WEB-INF 子目录下。

　　为了能让 Servlet 容器顺利地找到 Java Web 应用中的各个组件，Servlet 规范规定，Java Web 应用必须采用固定的目录结构，即每种类型的组件在 Web 应用中都有固定的存放目录。Servlet 规范还规定，Java Web 应用的配置信息存放在 WEB-INF/web.xml 文件中，Servlet 容器从该文件中读取配置信息。在发布某些 Web 组件(如 Servlet)时，需要在 web.xml 文件中添加相应的关于这些 Web 组件的配置信息。

Java Web 应用程序必须使用的规范目录结构如图 1-3 所示。

```
应用程序根目录
|-- WEB-INF 目录：必需目录
      |-- web.xml：Web 应用部署描述文件
      |-- classes 目录：Web 应用的类文件存放处
      |-- lib 目录：Web 应用使用的第三方类库文件存放处
      |-- TLD 文件：标签库描述文件
|-- 其他静态文件：HTML、CSS、JavaScript、图片等
|-- *.jsp：JSP 文件，通常存放在 Web 应用程序的根目录上，有时为便于管理也可以存放在根目录下
   的其他目录下
```

图 1-3 Java Web 应用程序必须使用的规范目录

其中，WEB-INF 目录是不允许浏览客户看到该目录下的文件的，该目录下的文件供 Web 服务器专用，包含 Web 应用程序的部署描述文件(web.xml)和两个用于存储已编译 Java 类和库 JAR 文件的子目录。这些子目录的名称分别为 classes 和 lib。Java 类包括 Servlet、辅助程序类和预编译的 JSP(如果需要)。在运行时，Servlet 容器的类加载器先加载 classes 目录下的类，再加载 lib 目录下的 JAR 文件(Java 类库的打包文件)中的类。因此，如果两个目录下存在同名的类，classes 目录下的类具有优先权。而 web.xml 是 WEB-INF 目录下最重要的文件，它描述了程序的部署、配置信息，为 Web 服务器所使用。

属于 Web 应用程序的所有 Servlet、类、静态文件和其他资源都组织在目录层次中。

以 GlassFish Server 3.1.1 应用服务器为例，假定开发一个名为 DefaultWebApp 的 Java Web 应用，首先，应该创建这个 Web 应用的目录结构具体如下。

(1) DefaultWebApp\：将 HTML 和 JSP 等文件放入 Web 应用程序的文档根目录中。在 GlassFish Server 3.1.1 的默认安装中，此目录称为 DefaultWebApp，位于路径 glassfish3\glassfish\domains\domain1\applications 下。

(2) DefaultWebApp\WEB-INF\web.xml：用于配置 Web 应用程序的 Web 应用程序部署描述文件。

(3) DefaultWebApp\WEB-INF\classes：包含服务器端类，如 HTTP、Servlet 和实用工具类。

(4) DefaultWebApp\WEB-INF\lib：包含 Web 应用程序使用的 JAR 等第三方类库文件。

JSP 页面和 Servlet 可以访问 GlassFish Server 中可用的所有服务和应用程序编程接口 (Application Programming Interface，API)。这些服务包括 EJB、Java 数据库连接(Java Data Base Connectivity，JDBC)、Java 消息服务(Java Messaging Service，JMS)、XML 等。

1.1.3 Java Web 应用开发流程

这里，我们介绍一种 Java Web 应用开发的主要流程，读者可参照该流程和自身的实际经验完成 Java Web 应用开发设计(见图 1-4)。

第1章 Web开发基础

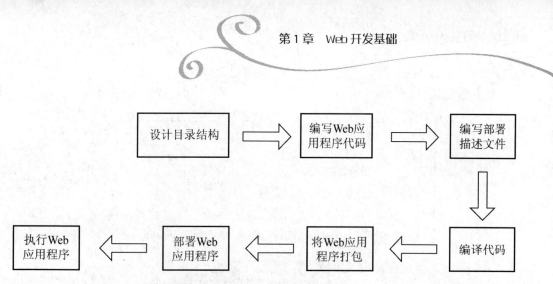

图1-4 Java Web 应用开发流程

(1) 设计目录结构：根据具体业务需要，遵照规范的目录结构设计好 Web 应用程序的目录结构。

(2) 编写 Web 应用程序代码：编写业务逻辑所需的 Java 代码。

(3) 编写部署描述文件：把 Servlet、初始化参数等定义到部署描述文件 web.xml 中。

(4) 编译代码：把编写好的 Java 源代码编译成字节码。

(5) 将 Web 应用程序打包：把整个 Web 应用程序打成 WAR 包，以方便部署。

(6) 部署 Web 应用程序：把打好的 WAR 包部署到 Web 服务器上。

(7) 执行 Web 应用程序：启动 Web 服务器，利用客户端浏览器进行访问测试。

提示！！！

在实际的开发过程中，一般会使用各种集成开发环境(Integrated Development Environment，IDE)工具，使用 IDE 工具进行 Web 应用程序开发时，只需要开发人员完成前三个步骤，其他步骤 IDE 工具可以自动完成。

1.2 相关实践知识

1.2.1 安装 Java EE 6 SDK Update 3 开发工具包

(1) 双击可执行文件 java_ee_sdk-6u3-jdk7-windows.exe，打开 Java EE 6 SDK 的安装初始界面(见图 1-5)。

该步骤中的文件 java_ee_sdk-6u3-jdk7-windows.exe 即为 Java EE 6 SDK Update 3 开发工具包。Java 开发工具包版本的选择可根据不同的实际开发应用需要，自行从 Oracle 官方网站下载(可参照 1.4.1 节中的"Java EE 6 SDK Update 3 及其他版本 Java 开发工具包下载地址")。

(2) 单击【下一步】按钮，选择安装类型(见图 1-6)。

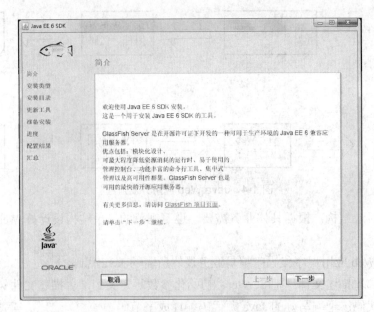

图 1-5　Java EE 6 SDK 的安装初始界面

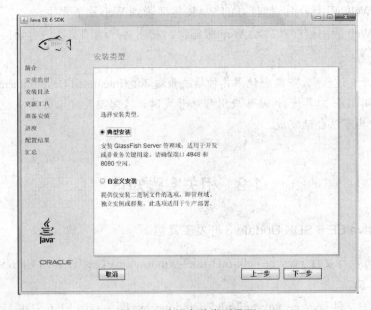

图 1-6　选择安装类型界面

Java EE 6 SDK Update 3 提供了【典型安装】和【自定义安装】两种方式，选择默认的【典型安装】方式即可。

(3) 单击【下一步】按钮，选择安装目录(见图 1-7)。

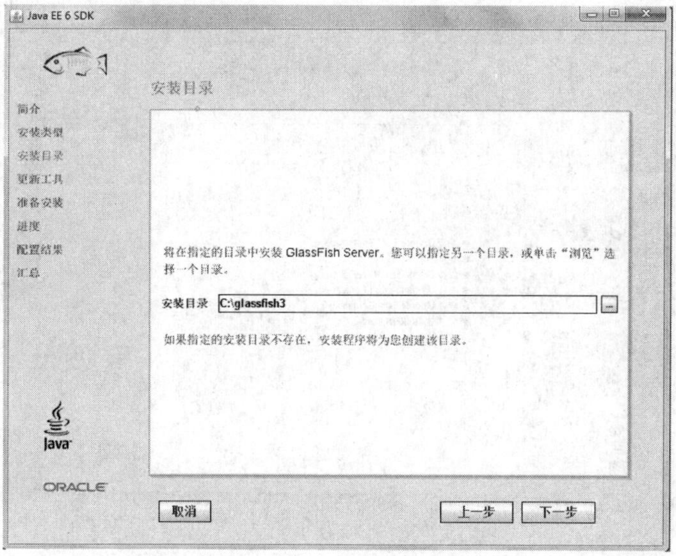

图 1-7 选择安装目录界面

在该步骤中，指定 Web 服务器 GlassFish Server 3.1.1 安装目录所在的路径，默认安装路径在 C:\glassfish3 的目录下，若要更改为其他安装路径，可单击右侧按钮，改变安装路径。确认无误后，再单击【下一步】按钮。

(4) 设置更新工具选项(见图 1-8)。

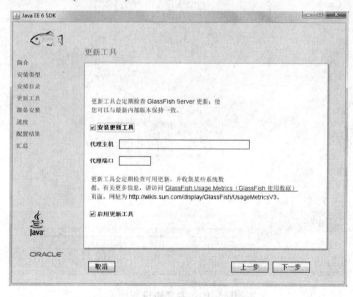

图 1-8 设置更新工具选项界面

该步骤选项主要用于定期检查 GlassFish Server 的更新，保持与最新版本的一致，可根据个人喜好自行选择，默认会选择保持同步更新。选择完毕后，继续单击【下一步】按钮。

(5) 准备安装(见图1-9)。

图1-9 准备安装界面

一切工作准备就绪后,单击【安装】按钮即可安装。该步骤列出了即将安装和配置的全部信息,可以看出,该安装包主要包含两部分内容,即JDK和GlassFish Server v3.1。

(6) 显示安装进度(见图1-10)。

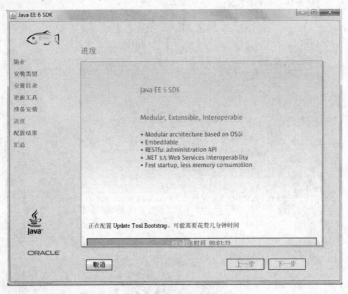

图1-10 安装进度界面

安装的过程会显示安装进度及剩余时间等信息。但这个过程相对时间较长,需要耐心等待。

(7) 显示配置结果(见图 1-11)。

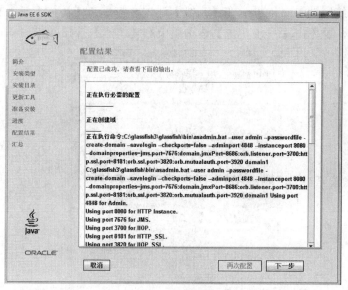

图 1-11　配置结果显示界面

安装配置过程结束后,如果一切正常,会在如图 1-11 所示的配置结果的界面中出现"配置已成功"的提示。到了这里,整个安装过程已经大致完毕,再单击【下一步】按钮。

(8) 安装完毕(见图 1-12)。

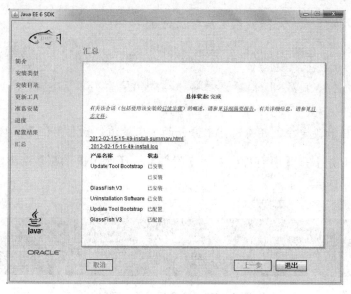

图 1-12　安装汇总信息界面

1.2.2　Java 运行环境配置

本节以安装配置 Java EE 6 SDK Update 3 为例,讲述 Java 运行环境的基本配置。

(1) 如 1.2.1 节中步骤(3)所示操作,安装好的 JDK 默认安装路径保存在 C:\glassfish3\jdk7 下,这里的保存路径会随 1.2.1 节中步骤(3)设置的不同而不同,不再重复。

(2) 选择【开始】→【控制面板】选项，在弹出的【控制面板】窗口中双击【系统】图标，弹出【系统属性】对话框，在【高级】选项卡中单击【环境变量】按钮，弹出【环境变量】对话框，再单击【系统变量】选项组中的【新建】按钮(见图1-13)。

图1-13　设置系统环境变量

提示！！！

本书使用的操作系统是Windows 7家庭普通版32位，其他版本Windows操作系统的具体操作步骤略有不同，可参照上述过程设定。

(3) 依次输入如下三个系统变量名及对应变量值。

```
JAVA_HOME = C:\glassfish3\jdk7
PATH = %JAVA_HOME%\bin
CLASSPATH = %JAVA_HOME%\lib\tools.jar;%JAVA_HOME%\lib\dt.jar;
```

提示！！！

CLASSPATH的设定中，用分号(;)来分开两个变量值，切勿用任意空格或其他符号。

(4) 选择【开始】→【所有程序】→【附件】→【命令提示符】选项，弹出【命令提示符】窗口(见图1-14)。

图1-14　【命令提示符】窗口

(5) 输入命令"java"，然后按Enter键，假若顺利成功，则会弹出如图1-15所示的"java"命令使用方法提示界面。

图 1-15 "java"命令使用方法提示界面

(6) 采用同样的方式，输入命令"javac"，然后按 Enter 键，假若顺利成功，则会弹出如图 1-16 所示的"javac"命令使用方法提示界面。

图 1-16 "javac"命令使用方法提示界面

(7) 经过测试，假若上述两条命令成功执行，则 Java 运行环境配置成功，紧接下来测试 Web 服务器 GlassFish Server 3.1.1 的运行情况。

1.2.3 运行和管理 GlassFish Server 3.1.1 服务器

(1) 选择【开始】→【所有程序】→【Java EE 6 SDK】选项，进入【Java EE 6 SDK】目录(见图 1-17)。

图 1-17 【Java EE 6 SDK】目录

(2) 选择【启动 Application Server】选项，启动 GlassFish Server 服务器(见图 1-18)。

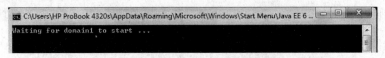

图 1-18 启动 GlassFish Server 服务器

提示！！！

这里的两个子菜单【启动 Application Server】和【停止 Application Server】分别用于启动和停止 GlassFishServer 服务器，在使用 GlassFish Server 之前必须先选择【启动 Application Server】选项，开启服务器；同样地，在使用 GlassFish Server 完毕之后，也要选择【停止 Application Server】选项，关闭服务器。

(3) 打开浏览器，在地址栏内输入 http://localhost:4848，进入 GlassFish Server 管理控制台(见图 1-19)。

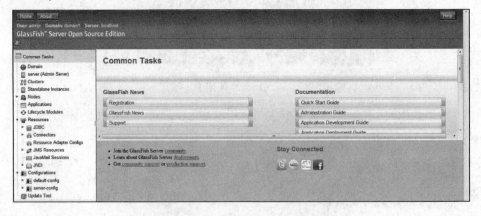

图 1-19 GlassFish Server 管理控制台

所有 GlassFish Server 应用服务的管理和部署都可以通过这个控制台来实现。下面我们将通过演示一个小示例，介绍 GlassFish Server 服务器的应用部署。

(4) 从下面地址下载示例程序 hello.war：http://glassfish.java.net/downloads/quickstart/hello.war。

(5) 在 GlassFish Server 管理控制台左侧菜单栏选择【Applications】选项，进入 Applications 部署界面(见图 1-20)。

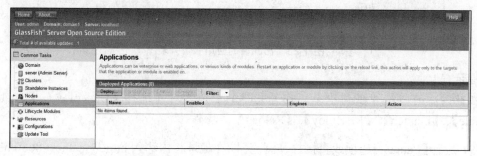

图 1-20　Applications 部署界面

(6) 单击【Deploy】按钮，进入选择要部署的文件界面(见图 1-21)。

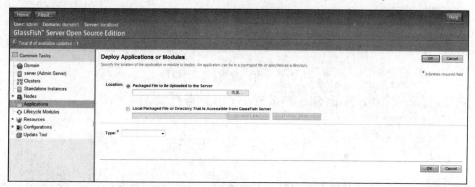

图 1-21　选择要部署的文件界面

(7) 点选【Location】选项组中的【Packaged File to Be Uploaded to the Server】单选按钮，再通过单击【浏览】按钮找到已下载的示例程序 hello.war，其他选择默认(见图 1-22)。

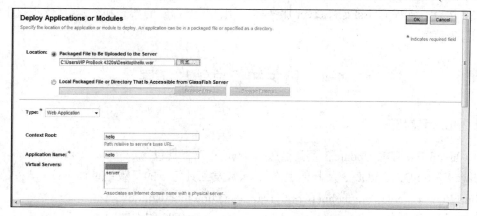

图 1-22　选中示例程序文件 hello.war

(8) 检查无误后，单击【OK】按钮确认，返回 GlassFish Server 已部署的应用服务列表(见图 1-23)。

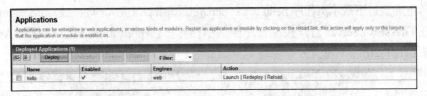

图 1-23　已部署的应用服务列表

提示！！！

在此处，可以选中任何一个已部署完毕的应用，对其进行【Undeploy】、【Enable】、【Disable】、【Launch】、【Redeploy】、【Reload】等操作。

(9) 选择【Launch】选项或直接打开浏览器，在地址栏内输入 http://localhost:8080/hello/，即可运行 hello 示例程序(见图 1-24)。

图 1-24　运行 hello 示例程序

(10) 运行演示完毕，停止 GlassFish Server 服务器。

1.3　实 验 安 排

在顺利完成 1.1 节相关理论知识学习的基础上，按照教学任务的安排，独立完成如下 3 项实验内容：

(1) 安装 Java EE 6 SDK Update 3 开发工具包(具体实验步骤可参照 1.2.1 节)。

(2) 配置 Java 运行环境(具体实验步骤可参照 1.2.2 节)。

(3) 运行、管理 GlassFish Server 服务器，测试示例程序的部署和演示(具体实验步骤可参照 1.2.3 节)。

1.4　相关知识总结与拓展

1.4.1　知识网络拓展

1) Java EE 6 SDK Update 3 及其他版本 Java 开发工具包

Java EE 6 SDK Update 3 及其他版本 Java 开发工具包下载地址如下：

http://www.oracle.com/technetwork/java/javaee/downloads/index.html

Java 开发工具包的 Oracle 官方下载网站，包含了 JDK 的不同版本。

2) 关于 GlassFish Server 3.1.1 服务器

GlassFish 是一个免费、开放源代码的应用服务。虽然它是一个标准的 Java EE 服务器，但是它同样具有轻便的 Web 容器的优点，它和 Tomcat 一样是优秀的 Servlet 容器，同时具备延迟加载的功能，也就是说，GlassFish 在启动时只会启动一些必需的核心服务项，而对于暂时用不到的服务则不予加载，直到需要的时候再加载。

GlassFish Server 3.1.1 服务器实现了 Java EE 6 平台中的最新特性。关于 GlassFish 社团及 GlassFish Server 3.1.1 更多的信息，请参照 Oracle 官方网站(http://www.oracle.com/technetwork/java/javaee/overview/index.html)详细介绍。

3) WAR 格式文件

Web 归档文件(WAR)是一个用于存储一个或多个 JSP、HTML 等内容的 Java 归档文件。它的标准文件扩展名是 .war，主要用于封装 Web 模块。Web 模块可代表一个独立的 Web 应用程序，也可与其他模块组合以形成一个 J2EE 应用程序，然后安装并运行在诸如 GlassFish Server 这样的应用程序服务器中。

WAR 格式的文件可以使用 RAR 或 ZIP 等程序直接打开，里面就是 WAR 格式文件包含的程序目录结构，这样打包发布比较方便。

通常情况下，GlassFish Server 服务器会将 WAR 格式文件部署到路径 glassfish3\glassfish\domains\domain1\applications\下，当然，我们也可以手动将 WAR 格式文件解压缩，把解压缩后的文件夹放置在上述路径下，然后启动 GlassFish Server，就可以访问了。例如，有一个×××.war 文件，把它放在 GlassFish Server 的路径 glassfish3\glassfish\domains\domain1\applications\下，启动 GlassFish Server，然后在浏览器地址栏内输入 http://localhost:8080/×××/即可访问。

1.4.2 其他知识补充

掌握如下知识可以加深对 JSP 的理解，加快 JSP 的学习进程：

(1) 面向对象的基本概念，如类、父类、类包、抽象类、对象、属性和方法等。

(2) Java 运行环境的常用命令使用，如 java、javac、javadoc、appletviewer、jar 等，熟悉 path、classpath 和其他环境参数的设置和使用。

(3) JBuilder 的常用操作，如创建项目、编译、运行程序，设置 JDK 和类包等。

(4) SQL 语言的常用命令，如 create database、create table、select、insert、update 和 delete 等。

(5) 数据库的常用操作，如创建、删除数据库，向数据库导入数据等。

(6) 服务器的基础概念，如服务器的程序不能单独运行、服务端和客户端的关系等。

读者可以参考其他 JSP 编辑相关书籍获取更多相关知识。

习　　题

1. 简答题

(1) 如果在同一台计算机上安装 Java 开发工具包的不同版本，会出现问题吗？

(2) 为什么要进行 Java 运行环境的配置，如果不配置会导致什么结果？

(3) GlassFish Server 服务器的作用是什么？还有哪些其他的 Java 应用服务器？

(4) WAR 格式打包文件是如何生成的？

2．填空题

(1) 常见的动态网页技术有四种，包括 CGI(Common Gateway Interface)、PHP(Hypertext Preprocessor)、ASP(Active Server Pages)和_____。

(2) 在 Web 应用开发领域，存在两大编程体系：_____结构和_____结构。

(3) 在 GlassFish Server 中，class 文件保存在目录_____下。

(4) 具有交互性的网站使用户能够直接与网站或者网站的其他用户进行信息交流，而一般将不具备交互性的网站称为_____网站。

(5) 目前 Web 应用程序都是以 C/S 或 B/S 结构为基础的，常见的留言板是基于_____结构。

3．选择题

(1) Internet 页面发布语言是指大多数计算机能够识别的语言，最常用的发布语言是_____。

  A．HTML B．CSS C．JavaScript D．VBScript

(2) 可以和 HTML 语言混合使用的语言被称为_____。

  A．脚本语言   B．标记语言

  C．浏览器端语言   D．客户端语言

(3) 创建 JSP 应用程序时，配置文件 web.xml 应该在程序下的_____目录中。

  A．admin B．servlet C．WEB-INF D．WebRoot

(4) GlassFish Server 服务器的默认端口为_____。

  A．8888 B．4848 C．8080 D．80

(5) 在 Web 项目的目录结构中，文件 web.xml 位于_____下。

  A．src 目录   B．项目根目录或其子目录

  C．MATA-INF 目录   D．WEB-INF 目录

(6) 关于 Web 应用程序，下列说法错误的是_____。

  A．WEB-INF 目录存在于 Web 应用的根目录下

  B．WEB-INF 目录与 classes 目录平行

  C．web.xml 在 WEB-INF 目录下

  D．Web 应用程序可以打包为 WAR 格式文件

(7) 不是 JSP 运行必需的是_____。

  A．操作系统   B．Java 运行时环境

  C．支持 JSP 的 Web 服务器   D．数据库

4．程序设计

将下载的示例程序 hello.war 手动解压缩，查看里面的目录组织结构，并参照 1.4.1 节将解压缩后的文件夹放到 GlassFish Server 指定的路径下，进行 JSP Web 程序的运行演示。

第 2 章

JSP 基本语法

教学目标

(1) 了解 JSP 运行的基本原理及主要 Java Web 应用程序开发工具的用途和特点;
(2) 熟悉 Java 语言的语法规范和 JSP 页面的主要元素;
(3) 掌握 Java Web 应用程序的创建,学会在不同开发环境中编写、运行和部署 Java Web 程序。

教学任务

(1) 学习 Java 语言及 JSP 的基本语法知识;
(2) 利用 JSP 的各种指令元素构建 JSP 页面;
(3) 实现在不同开发环境下 JSP 页面的编写和运行。

2.1 相关理论知识

2.1.1 Java 语言的基本组成

JSP 是可以内嵌在网页中，由服务器端来执行与解释的程序。JSP 程序的语法和观念源自于 Java 语言。因此，若读者对 Java 已经略有了解，那学习 JSP 将会如鱼得水。对于没有 Java 基础的读者，通过本节内容的学习，再按照接下来各个章节循序渐进地介绍，相信也能够很好地掌握 JSP 的应用。因此，本节对 Java 语言进行简单的介绍。

1. 基本类型

在 Java 语言中，按照数据的复杂性将数据分为基本类型和引用类型两种。所谓基本类型，就是指那些基本的、常用的、可以构成其他类型数据的数据类型，如字符类型、整型、布尔类型等(见表 2-1)。

表 2-1 基本数据类型

类 型	说 明
int	32 位有符号整数
long	64 位有符号整数
float	32 位单精度浮点数
double	64 位双精度浮点数
byte	8 位有符号整数
short	16 位有符号整数
char	16 位字符
boolean	布尔值：true、false

整型包括 byte、short、int、long、char，它们之间的区别在于不同的整型表达的数值范围不同(见表 2-2)。

表 2-2 不同整型表达的数值范围

整 型	字 长	大小范围
int	32 位	$-2^{31} \sim 2^{31}-1$
long	64 位	$-2^{63} \sim 2^{63}-1$
short	16 位	$-2^{15} \sim 2^{15}-1$
char	16 位	$0 \sim 2^{16}-1$
byte	8 位	$-2^{7} \sim 2^{7}-1$

浮点类型有两种：float 和 double(见表 2-3)。浮点类型的数字里面包含了小数点或者指数(E/e)及 F/f、D/d 等标志，可以很容易地被分辨出来。例如，10.15 是一个简单的浮点数，16.02E3 是一个具有指数标志 E 的浮点数，3.138F 是一个具有标志 F 的 float 类型的浮点数，13.6E+503D 是一个具有标志 D 的 double 类型的浮点数。

表 2-3　浮点类型

浮点类型	字　　长
float	32 位
double	64 位

2. 标识命名规范

在程序设计中，变量的标识即变量名的命名规范也很重要。对特定的变量取一个有意义的变量名有助于加强程序的可读性及错误检查。在 Java 语言中，可以使用任何字符串来标识变量、常量、类、对象、属性及方法。当一个标识创建好以后，在其作用范围内，它代表的是同一件事物。创建标识时，必须要遵循如下几条原则：

- 标识必须是以字母开头的由字符、数字等组成的串。
- 基于 Unicode 的所有字符都可以用在标识中。
- 下划线(_)和美元符号($)也可以作为字符用在标识中，甚至可以将其放在标识的首位。
- Java 语言是严格区分大小写的，也就是说 Computer 与 computer 是两个完全不同的变量标识。
- 尽量使标识具有现实意义，这样有助于加强程序的可读性。

命名标识的时候，除了要遵循上述命名规范，还要注意不能与 Java 的关键字相同(见表 2-4)。Java 关键字对于 Java 编译器来说，具有特殊内定的语法含义。Java 编译器正是依据关键字来解释 Java 语句，并将其编译成字节码格式的。

表 2-4　Java 关键字

abstract	boolean	break	byte	case
catch	char	class	continue	default
do	double	else	extends	final
finally	float	for	if	implements
import	instanceof	int	interface	long
native	new	package	private	protected
public	return	short	static	super
switch	synchronized	this	throw	throws
transient	try	void	volatile	while

当我们掌握了变量标识的命名规范，开始声明一个变量时，需要弄清楚如下几点：

- 这个变量是用来做什么的？
- 变量属于什么数据类型？
- 若是整型，那么有没有符号？大小范围是多少？
- 若是浮点数，那么其精度范围是多少？
- 需不需要赋初值？初值是什么？

3. 引用类型

引用类型就是由类型的实际值引用表示的数据类型，如果为某个变量分配一个引用类型，则该变量将引用原始值，而不创建任何副本。在 Java 中，除基本类型以外的类型都称为引用类型，主要包含类、接口和数组等。引用类型的概念在 Java 语言中有着重要的意义，但由于本书的重点是 JSP，篇幅有限，因此对引用类型中的类、接口、数组等只能限于一些基础介绍，要了解更多引用类型知识可参阅其他相关书籍教材。

类的一个最重要作用是定义一种新的数据类型，它封装了一类对象的状态和方法，是这一类对象的抽象原型。一旦该类型被定义，就可以利用它来创建新的对象，一个对象就是一个类的实例。在代码结构上，类可以分成如下三个部分：

1) 类声明

声明的完整语法如下：

```
类修饰符 class 类名 extends 子句 implements 子句 类体
```

例如，声明一个名为 Student 的类，用来概括学生的一些基本属性和方法信息。

```
public class Student{
    …… ;
}
```

2) 状态(state)

状态包括表示属性的各种变量。

类变量的声明语法如下：

```
变量存取修饰符 变量类型 变量
```

例如，类 Student，它有属性变量 name、age 和 grade 等。这些属性变量决定着由 Student 类产生的对象实例的属性："姓名"、"年龄"、"年级"等。

```
public class Student{
    private String name;
    private int age;
    private int grade;
    …… ;
}
```

3) 对状态进行操作的方法

类的方法决定了一个类可以执行的动作。在 Java 中，方法(method)是可施于对象或类上的操作，它们既可在类中，也可在接口中声明，但却只能在类中实现。

类方法的声明语法如下：

```
存取限制修饰符 返回值类型 方法名(参数表) throws 异常列表
```

例如，在 Student 类中，有一个 addage 方法用来增加年龄，每次调用 addage 方法会将学生的年龄增加 1 个单位。

```java
public class Student {
    private String name;
    private int age;
    private int grade;
    public void addage(){
        age += 1 ;  //方法的代码实现
    }
}
```

在语法上，接口(interface)与类非常相似，实际上接口就是类的一种。

接口声明的语法如下：

接口修饰符　interface　接口名　extends 子句　接口体

例如，接口 ControlAge 只是定义了所有生命体的年龄控制，但里面包含的方法没有任何代码实现。

```java
public interface ControlAge{
    static final String creaturetype ="Student";
    ……;
    public void addage(int step);    //方法无任何代码实现
    public void lowerage(int step);
}
```

Java 通过接口使得处于不同层次的，甚至是互不相关的类具有相同的行为。接口就是方法定义和状态属性的集合，它的用途主要体现在如下三个方面：

(1) 可以实现不相关的类的相同行为，而不需要考虑这些类之间的层次关系。

(2) 可以指明多个类需要实现的方法。

(3) 可以了解对象的交互接口，而不需要了解对象所对应的类。

使用接口，可以指定类必须做什么而不是如何做。接口从语法上看与类相似，但是，接口缺乏实例变量，其方法在接口体外声明。实际上，这意味着我们可以定义接口，不做任何实现。一旦接口被定义，任何类都可以实现它，而且，类可以实现任何数目的接口。

数组是 Java 语言中的特殊类型，它能通过索引来存放和引用多个相类似的对象。数组的创建分如下三步完成：

(1) 声明数组。基本的数组类型是一维数组，但随着数据的复杂性，可以声明二维甚至更复杂的数组类型。无论是几维数组，声明数组通常可以采用两种方式：把括号放在变量类型的后面，如一维数组 int[ ] Students 和二维数组 int[ ] [ ] Students；或者把括号放在标识名的后面，如一维数组 int Students[ ]和二维数组 int Students[ ] [ ]。

(2) 创建数组空间并定义数组的大小。使用关键字 new，后跟变量的类型和大小，如 Students = new int[50]。

(3) 给数组中的成员赋值。需要注意的是，对于基本类型的数组，其索引的初始值为 0。例如，给一个一维数组的第三个元素赋值，那么就应该是 Students[2]=100。

4. 常量

常量与变量的不同之处在于，常量一旦完成定义，其值就不再发生改变。但是，常量的类型范围也局限于以上的几种类型。定义常量的时候，要标明它的修饰符为 final，如 public static final double PI=3.1415926。

需要特别注意的是字符常量。字符常量是要用单引号括起来的，如 'a'、'A'。但是有一些字符，是很难当作一个字符值来使用的。这种字符有着特殊的意义，一般称为"转义字符"(escape characters)(见表2-5)。

表2-5 转义字符

转义字符	说　　明
\ddd	1到3位八进制数所表示的字符(ddd)
\uxxxx	1到4位十六进制数所表示的字符(xxxx)
\'	单引号字符
\\	反斜杠字符
\r	回车
\n	换行
\f	走纸换页
\t	横向跳格
\b	退格

5. 运算符

程序的计算除了依赖于变量、函数之外，将分离的各部分联系到一起组成表达式的就是运算符了。Java 中有几十种运算符，每种运算符代表一种算术或逻辑运算。根据功能可将 Java 运算符分为算术运算符、赋值运算符、位运算符、关系运算符、逻辑运算符和其他运算符。

1) 算术运算符

算术运算符(见表2-6 和表2-7)作用于整型或浮点型数据，完成算术运算。

表2-6 二元算术运算符及使用方法

运算符	说　明	使用语法	示　　例
+	加	A+B	11.0+2=13.0
-	减	A-B	11.0-2=9.0
*	乘	A*B	11.0*2=22.0
/	除	A/B	11.0/2=5.5
%	取余数	A%B	11.0%2=1

提示！！！

与 C、C++不同，对取余数运算符(%)来说，其操作数可以为浮点数，如 37.2%10 = 7.2。

表 2-7　一元算术运算符及使用方法

运算符	说　　明	使用语法
+	正值	+A
-	负值	-A
++	加 1	++A 或 A++
--	减 1	--A 或 A--

提示！！！

i++和++i 的区别：

(1) i++在使用 i 之后，使 i 的值加 1，因此执行完 i++后，整个表达式的值为 i，而 i 的值变为 i+1。

(2) ++i 在使用 i 之前，使 i 的值加 1，因此执行完++i 后，整个表达式和 i 的值均为 i+1。对 i--与--i 同样适用上述区别。

2) 赋值运算符

"="符号在 Java 中，并不是通常意义上的"等号"，而应该理解为赋值运算，而它与算术运算符结合又产生了新的复合赋值运算符(见表 2-8)。

表 2-8　赋值运算符

运算符	说　　明	运算符	说　　明
=	赋值	*=	相乘并赋值
+=	相加并赋值	/=	相除并赋值
-=	相减并赋值	%=	取余数并赋值

提示！！！

这一类的复合赋值运算，它们形如 j+=i，这里的"+="是二元算术运算(+)和赋值运算(=)的结合，它等价于 j=j+i，这种复合方式适用于所有的二元运算符。

3) 位运算符

位运算符(见表 2-9)用来对整型数据中的位进行操作。

表 2-9　位运算符

运算符	说　　明	运算符	说　　明
~	按位取非	&	按位取与
|	按位取或	^	按位异或
&=	位与并赋值	|=	位或并赋值
^=	位异或并赋值	>>	右移
>>=	右移并赋值	>>>	右移并用 0 填充高位
>>>=	右移填 0 并赋值	<<	左移
<<=	左移并赋值		

提示!!!

(1) 一元取反运算符(-)用来改变整数的正负号,按位取非运算符(~)把变量所有是 1 的位变成 0,是 0 的位变成 1。

(2) ">>"与">>>"的基本功能都是右移,但">>"是用符号位来填充右移后所留下的空位,而">>>"则是用 0 来填充右移后所留下的空位。

4) 关系运算符

关系运算符(见表 2-10)用来比较两个数值并决定它们的关系,最终产生布尔类型的结果。

表 2-10 关系运算符及使用方法

运算符	说 明	使用语法	示 例
==	等于	A==B	11==2,结果为假
>	大于	A>B	11>2,结果为真
<	小于	A<B	11<2,结果为假
>=	大于或等于	A>=B	11>=2,结果为真
<=	小于或等于	A<=B	11<=2,结果为假
!=	不等于	A!=B	11!=2,结果为真

5) 逻辑运算符

逻辑运算符及使用方法如表 2-11 所示。

表 2-11 逻辑运算符及使用方法

运算符	说 明	使用语法	示 例
&&	与	A&&B	A 和 B 均为真,结果为真
||	或	A||B	A 和 B 有一个为真,结果为真
!	非	!A	A 为真时,结果为假

6) 其他运算符

除了前面介绍的运算符,Java 还提供了条件运算符(?:)、对象运算符 instanceof、字符串连接运算符(+)等其他运算符(见表 2-12)。

表 2-12 其他运算符及使用方法

运算符	使用方法
条件运算符(?:)	它是 Java 中唯一的一个三元运算符。条件表达式的一般形式如下: expression1 ? expression2 : expression3 首先求解 expression1,若为真,则求解 expression2,此时整个条件表达式的值就等于 expression2,否则求解 expression3,此时整个条件表达式的值就等于 expression3
对象运算符 instanceof	它是用来检验一个指定的对象是否是指定类的一个实例。若是,返回 true,否则返回 false。 它的使用格式如下: if (object_name instanceof class_name) ……

续表

运算符	使用方法
字符串连接运算符(+)	字符串连接运算符(+)用于实现字符串的连接。例如： String str = "Java" + "is" + "a programming language! "; 在做连接操作的时候，如果有一部分不是字符串，那么将会将其转化为字符串。如果这部分是基本数据类型，那么 Java 将自动隐式转换，否则需要使用 toString( )方法进行显式转换

这些运算符是有优先级的，优先级是指同一式子中多个运算符被执行的次序，同一级别的运算符具有相同的优先级。表 2-13 按从高到低的优先级次序列出了运算符，同一行的运算符优先级相同。

表 2-13 运算符优先级

最高优先级	. [ ] ( )
一元操作	= - ~ ! ++ --
乘操作	* / %
加操作	+ -
移位操作	<< >> >>>
关系操作	< <= >= >
等于操作	== !=
按位与操作	&
按位异或操作	^
按位或操作	|
条件与操作	&&
条件或操作	||
条件操作	?:
赋值操作	=

6. 流控制

Java 程序通过流控制来执行程序流，完成逻辑判断。流控制语句可以是单一的一条语句(如 c=a+b)，也可以是复合语句，但一般可以分成分支语句(如 if-else、break、switch、return)和循环语句(如 while、do-while、for、continue)两种类型。

1) 分支语句控制

(1) if 语句。if 语句通常都与 else 语句配套使用，所以一般都把它叫做 if-else 语句。它的语法结构如下：

```
if (boolean 表达式)   语句1;
    else 语句2;
```

当表达式为真时，执行语句 1，否则执行语句 2。

(2) switch 分支结构。switch 分支结构实际上也是一种 if-else 结构。它把括号里变量的值同列出的每种情况值做比较，如果相等，就执行后面的语句；如果不等，就执行 default

语句。在 switch 语句中，通常在每一种 case 后都应使用 break 语句，否则，第一个相等情况后面所有的语句都会被执行。

switch 分支结构的语法结构如下：

```
switch(表达式){
  case 变量1: 语句1;
    break;
  case 变量2: 语句2;
    break;
  ……;
  default: 语句3;
}
```

2) 循环语句控制

Java 的循环语句分为三种：for、while 和 do-while。它们的语法结构如下。

for：

```
for(初始化；表达式；步骤)
语句;
```

for 循环结构在实现顺序递增直到达到某一极限的循环时是一个强有力的工具。for 语句的格式要求把一个变量和一个确定的极限做比较，当达到极限时中止循环。

while：

```
while(boolean 表达式)
语句;
```

do-while：

```
do
语句;
while(boolean 表达式);
```

while 循环检查表达式的值是否为真，若为真则执行给定语句，直到表达式的值为假。而 do-while 循环则执行给定的语句，再检查表达式，若表达式值为假则跳出循环。

提示！！！

一定要记得改变循环判断中表达式的值，否则它的值为真，将进入一个死循环。

2.1.2 JSP 的执行过程

JSP 是一种动态网页技术标准。在传统的 HTML 文件(*.htm 或*.html)中加入 Java 程序片段(Scriptlet)和 JSP 标记(Tag)，就构成了 JSP 网页(*.jsp)。动态网页需要具备的功能：程序片段可以操作数据库、重新定向网页及发送 E-mail 等。所有程序操作都在服务器端执行，网络上传送给客户端的仅是得到的结果，对客户浏览器的要求最低，可以实现无 Plugin、无 ActiveX、无 Java Applet，甚至无 Frame。JSP 提供了一种简单、快速建立基于动态内容显示的站点技术。

JSP 在 HTML 文件内直接嵌入简单的脚本命令，就可以将静态 Web 页面升级为动态 Web 页面，我们可以用任意 Web 页面编辑器(如 FrontPage、Dreamweaver UltraDev 等)，如通常方式一样编写 HTML，然后用特殊的标记来附上动态部分的代码，这个特殊标记一般是以 "<%" 开头，以 "%>" 结尾的。

一般情况下文件以.jsp 为扩展名，并放在一般的 Web 页面所放的地方，最初的 JSP 页面更像一个 HTML 文件，而不是一个 Servlet，但在第一次被请求时，JSP 页面被翻译转换成 Servlet，接着 Servlet 被编译和装载。

JSP 的所有程序都是在服务器端运行的，服务器端收到用户通过浏览器提交的请求，经过一定的处理再以 HTML 的形式返回给客户端，客户端通过浏览器得到请求的结果。服务器上的 JSP 程序负责处理客户端的请求，其程序代码对于客户端来说是透明的。JSP 和客户端的交互是通过 HTTP 协议实现的，一般情况下，JSP 的执行过程大致由如下几步构成：

(1) 客户端发出 Request (请求)。
(2) JSP Container 将 JSP 转译成 Servlet 的源代码。
(3) 将产生的 Servlet 的源代码经过编译后，加载到内存执行。
(4) 把结果 Response (响应)至客户端。

实际的交互过程中，客户端首先和服务器建立连接，然后将用户通过客户端(浏览器)发出的请求信息存储到 Request 对象并发送到 Web 服务器，JSP 引擎(通常被绑定到 Web 服务器上)根据 JSP 文件的指示处理 Request 对象，或者根据实际需要将 Request 对象转发给由 JSP 文件所指定的其他服务器端组件(如 Servlet 组件、JavaBean 组件或 EJB 组件等)处理，处理结果则以 Response 对象的方式返回给 JSP 引擎，JSP 引擎和 Web 服务器根据 Request 对象最终生成 JSP 页面，返回客户端浏览器，这也是用户最终看到的内容。

从交互过程中可以看出，服务器端在这个交互过程中处于被动的地位，即服务器端不会主动把消息发送给客户端(主要指浏览器)。当用户在浏览器中输入网址后，浏览器开始与指定的服务器建立连接，从而开始一次交互。上网浏览信息的过程就是由许多这样的交互过程组成的。当 Web 服务器接收到一个扩展名为.jsp 的页面请求时，触发 JSP 引擎。JSP 引擎首先会做检查的工作，看 JSP 文件是新的还是未修改过的文件，对这两种情况会有不同的处理。若发现 JSP 网页有更新修改，JSP 引擎才会再次编译 JSP 成 Servlet；若 JSP 没有更新，就直接执行前面所产生的 Servlet。

➢ 对于新的文件，JSP 引擎会先把 JSP 文件转换成 Java Servlet，然后使用标准的 Java 编译器编译 Servlet，再使用标准的 API 执行 Java Servlet。

➢ 对于旧文件则直接进行编译，省略了前面翻译转换的过程，接下来的步骤是一样的。

➢ JSP 将网页的表现形式和服务器端的代码逻辑分开。作为服务器进程的 JSP 页面，首先被转换成 Servlet。Servlet 支持 HTTP 协议的请求和响应。多个用户同时请求一个 JSP 页面时，应用实例化线程来响应请求。这些线程由 Web 服务器进程来管理。

➢ JSP 在执行以前先被编译成字节码，然后字节码由 Java 虚拟机解释执行，比源代码解释的效率高——服务器上还有字节码的缓存机制，能提高字节码的访问效率。第一次调用 JSP 网页可能稍慢，以后就快得多了。JSP 的执行过程如图 2-1 所示。

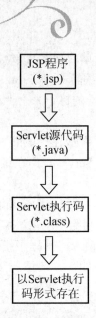

图 2-1 JSP 的执行过程

一般人可能会认为 JSP 的执行性能会和 Servlet 相差很多，其实执行性能上的差别只存在于第一次的执行。因为 JSP 在执行第一次后，会被编译成 Servlet 的类文件，即*.class，当再重复调用执行时，就直接执行第一次所产生的 Servlet，而不用再重新把 JSP 编译成 Servlet。因此，除了第一次的编译会花较长的时间之外，之后 JSP 和 Servlet 的执行速度就几乎相同了。

当执行 JSP 网页时，也可以分为两个时期，即转译时期(Translation Time)和请求时期(Request Time)。

➢ 转译时期：JSP 网页转译成 Servlet 类。
➢ 请求时期：Servlet 类执行后，响应结果至客户端。

提示！！！

转译时期主要包括两个阶段：将 JSP 网页转译为 Servlet 源代码(.java)，此阶段称为转译时期(Translation Time)；将 Servlet 源代码(.java)编译成 Servlet 类(.class)，此阶段称为编译时期(Compilation Time)。

2.1.3 JSP 页面的组成元素

JSP 是 Sun 公司推出的类似于 ASP 的嵌入型 Scripting Language，并且给它一个新的名称：Java Server Pages，简称为 JSP。在语法结构上，JSP 使用 "<%" 和 "%>" 作为程序的区段范围的标记符号，标记符号之间所使用的语言为 Java。

JSP 页面主要分为 Template Data 与 Elements 两部分。

➢ Template Data：JSP Container 不处理的部分，如 HTML 的内容会直接送到 Client 执行。
➢ Elements：必须经由 JSP Container 处理的部分，而大部分 Elements 都以 XML 作为语法基础，并且大小写必须要一致。

Elements 有两种表达方式，第一种为起始标签(包含 Element 名称、属性)，中间为一些内容，最后为结尾标签，如下所示：

```
<mytag attr1="attribute value" …>
body
</mytag>
```

另一种是标签中只有 Element 的名称、属性，没有内容，称为 Empty Elements，如下所示：

```
<mytag attr1="attribute value" …/>
```

Elements 中的 Directive Elements(指令元素)和 Scripting Elements(脚本元素)主要有五种类型(见表 2-14)，后面的章节会针对这两种 Elements 加以说明，而另外一种 Action Elements 将会在第 3 章中加以详细介绍。

表 2-14　JSP 指令元素和脚本元素主要类型

JSP 指令元素和脚本元素	说　　明
编译器指令(Directives)：<%@ 编译器指令%>	描述页面的基本信息
声明(Declarations)：<%! 声明 %>	插入到 Servlet 类中，但置于所存在的方法之外
表达式(Expressions)：<%= 表达式 %>	包含变量或常量，当页面被请求时，会被计算，用来赋值和插入输出
程序代码(Code Fragment/Scriptlets)：<% code fragment %>	包含一个代码片段，当页面被请求时会被执行，插入到 Servlet 的 service 方法中
注释(Comments)：<%-- 注释 --%>	允许内嵌文档注释

1. 编译器指令

编译器指令(Directives)主要用来提供整个 JSP 网页相关的信息，并且用来设定 JSP 网页的相关属性，如网页的编码方式、语法、信息等。

起始符号为：<%@。

终止符号为：%>。

中间包含的内文部分就是一些指令和一连串的属性设定，如下所示：

```
<%@ directive { attribute ="value" } * %>
```

编译器指令是针对 JSP 引擎而设计的。它们并不直接产生任何可见输出，而只是告诉引擎如何处理其余 JSP 页面。几乎可以在所有 JSP 页面顶部看到 Page 指令。尽管不是必需的，但它可以指定到何处查找起支持作用的 Java 类，如<%@ page import="java.util.Date" %>，或者出现 Java 运行问题时，将错误提示引向何处，如<%@ page errorPage="errorPage.jsp" %>，等等。

这里我们将分别介绍编译器指令中的三种指令：page、include 和 taglib。

1) page 指令

page 指令是最复杂的 JSP 指令，它的主要功能是设定整个 JSP 网页的属性和相关功能。page 指令是以<%@ page 起始，以%>结束的，它的基本语法如下：

```
<%@ page attribute1="value1" attribute2= "value2" …%>
```

page 指令的属性如表 2-15 所示。

表 2-15 page 指令的属性

属 性	说 明
language ="scriptingLanguage"	指定 JSP Container 要用什么语言来编译 JSP 网页,默认值为 Java
extends = "className"	指定此 JSP 网页产生的 Servlet 是继承哪个父类
import = "importList"	指定此 JSP 网页可以使用哪些 Java API
session = "true	false"	指定此 JSP 网页是否可以使用 session 对象,默认值为 true
buffer = "none	size in kb"	指定输出流(Output Stream)是否有缓冲区,默认值为 8KB 的缓冲区
autoFlush = "true	false"	指定输出流的缓冲区是否要自动清除,缓冲区满了会产生异常(Exception),默认值为 true
isThreadSafe = "true |false"	用于告诉 JSP Container 此 JSP 网页是否能处理超过一个以上的请求,默认值为 true
info = "text"	表示此 JSP 网页的相关信息
errorPage = "error_url"	表示如果发生异常错误,网页会被重新指向的 URL
isErrorPage = "true	false"	表示此 JSP 网页是否为处理异常错误的网页
contentType = "ctinfo"	表示 MIME 类型和 JSP 网页的编码方式
pageEncoding = "ctinfo"	表示 JSP 网页的编码方式

提示!!!

page 指令中只有 import 属性可以重复设定,其他的属性则不允许。

2) include 指令

include 指令用于在 JSP 编译时插入一个包含文本或代码的文件,这个包含的过程是静态的,而包含的文件可以是 JSP 网页、HTML 网页、文本文件或一段 Java 程序。include 指令的语法如下:

```
<%@ include file = "relativeURLspec" %>
```

include 指令只有一个属性 file,relativeURLspec 表示此 file 的路径,它是相对于此 JSP 网页的路径,而且该路径地址中不能带任何参数。由于 include 指令是静态包含其他的文件,所以属性 file 的取值不能是一个变量 URL。

提示!!!

include 指令中的包含文件要尽量避免使用<html>、</html>、<body>、</body>,因为这将影响在原 JSP 网页中同样的标签,有时会导致错误。

include 指令可以把 JSP 页面内容分成更多可管理的元素,如包括一个普通页面页眉或页脚的元素。包含的网页可以是一个固定的 HTML 页面或更多的 JSP 内容,如

```
<%@ include file="filename.jsp" %>。
```

3) taglib 指令

taglib 指令能够让用户自定义新的标签，它的语法如下：

```
<%@ taglib uri = "tagLibraryURI" prefix="tagPrefix" %>
```

taglib 指令中有两个属性：uri 和 prefix。其中，uri ="tagLibraryURI" 主要用于说明 tagLibrary 的存放位置，而 prefix="tagPrefix" 表示自定义标签的标识符，主要用来区分多个自定义标签。

2．声明

在 JSP 程序中声明(Declarations)合法的变量和方法。JSP 声明用来定义页面级变量，以保存信息或定义 JSP 页面的其余部分可能需要的方法。声明是以<%! 为起始，以%> 为结尾的，它的语法如下：

```
<%! declaration; [ declaration; ]+ ... %>
```

例如，<%! int a, b, c; %>。使用<%! %>声明在 JSP 程序中要用的变量和方法，可以一次声明多个变量和方法，只要最后以分号(;)结尾即可。

提示！！！

(1) 每一个声明仅在一个页面中有效，如果需要每个页面都用到一些声明，那么最好把它们写成一个单独的 JSP 网页，然后用<%@ include %>等元素包含进来。

(2) 使用<%! %>方式所声明的变量为全局变量，若同时有 n 个用户在执行此 JSP 网页时，将会共享此变量。

(3) 可以直接使用在<%@ page %>中被包含进来的已经声明的变量和方法，不需要对它们重新进行声明。

(4) 声明不能产生任何输出，它通常用作 JSP 表达式和 Scriptlets 之间连接。

3．表达式

表达式(Expressions)是以<%=为起始，以%>为结尾的，其中间内容包含一段合法的表达式，像使用 Java 的表达式一样，它的语法如下：

```
<%= expression %>
```

这个表达式元素能够包括任何 Java 语法，有时候也能作为其他 JSP 元素的属性值。表达式在执行后会被自动转化为字符串，然后被直接包括在输出页面之内显示出来。

提示！！！

(1) 在表达式中不能使用分号(;)作为表达式的结束符号，除非在加引号的字符串部分使用分号，但是，同样的表达式如果是用在 Scriptlet 中就需要以分号来结尾了。

(2) 一个表达式元素能够包含任何一个符合 Java 语言规范的表达式。

(3) 一个表达式能够由多个表达式组成，这些表达式的顺序是从左到右。

4．程序代码

Scriptlet 中可以包含有效的程序代码(Code Fragment/Scriptlets)，只要是合乎 Java 本身

的标准语法即可。通常主要的程序就是写在这里面，Scriptlet 是以<%为起始，以%>为结尾的，它的语法如下：

```
<% code fragment %>
```

Scriptlet 能够包含多个语句、方法、变量、表达式，因此在 Scriptlet 中可以实现如下操作：
(1) 声明将要用到的变量或方法。
(2) 显示出表达式。
(3) 使用任何隐含的对象和使用<jsp:useBean>声明过的对象编写 JSP 语句。
(4) 当 JSP 收到客户端的请求时，Scriptlet 就会被执行，如果 Scriptlet 有显示的内容，就会被返回显示出结果。

5．注释

一般注释(Comments)可分为两种：一种是在客户端显示的注释；另外一种是客户端看不到，只给开发程序员专用的注释。

客户端显示的注释的语法为：<!-- comment [<%= expression %>] -->。

这种注释的方式和 HTML 中很像，可以使用"查看源代码"来看到这些程序代码，但是唯一有些不同的是，可以在注释中加上动态的表达式。

开发程序员专用的注释的语法为：<%-- comment --%> 或 <% /** this is a comment **/ %>。

开发程序员专用的注释在客户端的浏览器上看不出来，并且用此注释的方式，在 JSP 编译时会被忽略掉。这对隐藏或注释 JSP 程序是实用的方法，通常程序员也会利用它来调试(Debug)程序。

提示！！！

JSP Container 不会对 <%--和--%>之间的语句进行编译，它不会显示在客户端的浏览器上。

2.2 相关实践知识

2.2.1 编写第一个 JSP 页面

(1) 在本地磁盘上新建一个项目 2_1，在这里，我们使用$DefaultAppPath 指代该项目的根路径，项目目录组织结构可参照图 2-2：

图 2-2 项目目录组织结构

(2) 在$DefaultAppPath\目录下新建源程序文件，命名为 2_1.jsp(见图 2-3)。

图 2-3　示例 2-1 目录结构

(3) 使用任一文字编辑工具或 Java 专业 IDE 编辑文件 2_1.jsp，输入示例 2-1 中的代码并保存。

示例 2-1　第一个 JSP 程序页面。

2_1.jsp

```
<HTML>
<HEAD>
<TITLE>JSP 页面</TITLE>
</HEAD>
<BODY>
<%@ page language="java" contentType="text/html;charset=gb2312"%>
<%! String str="0";int i=0; %>
<%--实现字符串 str 的连接功能，从数字 0 一直到数字 9--%>
<% for (int i=0;i<10;i++){
   str = str + i;
}%>
JSP 输出之前。
<P>
<%= str %>
<P>
JSP 输出之后。
</BODY>
</HTML>
```

(4) 选择【开始】→【所有程序】→【附件】→【命令提示符】选项，打开【命令提示符】窗口，将当前目录切换到$DefaultAppPath\目录下，读者可根据项目文件保存的实际磁盘路径进行调整(见图 2-4)。

图 2-4　在【命令提示符】窗口下进入$DefaultAppPath 根目录

(5) 使用 jar 命令将该项目打包成一个 WAR 格式文件，便于项目的发布部署，在项目根目录$DefaultAppPath 下执行如下命令(见图 2-5)：

```
jar cvf 2_1.war .
```

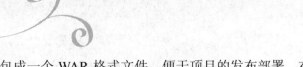

图 2-5　在【命令提示符】窗口下成功执行 jar 打包命令

(6) 进入 GlassFish Server 管理控制台，选择左侧菜单栏中的【Applications】选项，进入 Applications 部署界面(见图 2-6)。

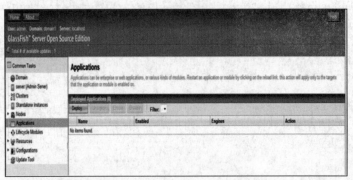

图 2-6　Applications 部署界面

(7) 单击【Deploy】按钮，进入选择要部署的文件界面(见图 2-7)。

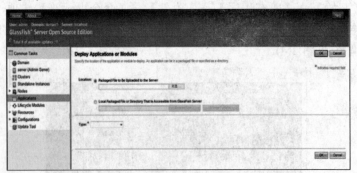

图 2-7　选择要部署的文件界面

(8) 点选【Location】选项组中的【Packaged File to Be Uploaded to the Server】单选按钮，再通过单击【浏览】按钮找到$DefaultAppPath 目录下的 2_1.war，其他选择默认。

(9) 检查无误后,单击【OK】按钮确认,返回 GlassFish Server 已部署的应用服务列表(见图 2-8)。

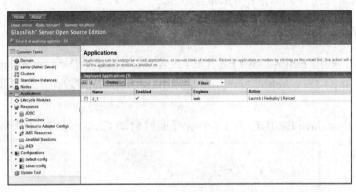

图 2-8　已部署的应用服务列表

(10) 直接打开浏览器,在地址栏内输入 http://localhost:8080/2_1/2_1.jsp,即可运行示例 2-1 中的程序(见图 2-9)。

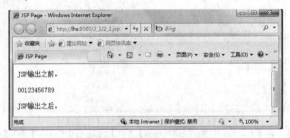

图 2-9　运行示例 2-1 中的程序

至此第一个 JSP 页面程序已经编写运行完成。在实际的开发中,我们可用任一文字编辑工具实现 JSP 文件的编辑和创建,但是,通常会使用一些面向 Java 的 IDE 工具进行 Java Web 应用项目的开发,IDE 集成了很多 Java 命令的图形操作工具,这样会简化 Java 开发的难度,提高开发的效率。目前,主流的 Java IDE 工具主要有 Eclipse、JBuilder、NetBeans 等。关于 Java IDE 工具的详细介绍和应用读者可参照其他相关资料。

在示例 2-1 中,可以看到 JSP 页面的基本组成如下:

(1) 首先是编译器指令 <%@ page language="java" contentType="text/html;charset=gb2312"%>。它描述了页面的基本信息,即使用的语言和网页的编码方式,为了支持中文的正确显示,这里的编码方式使用了 GB 2312。

(2) 其次是 JSP 的声明,在本示例中, <%! String str="0";int i=0; %>定义了一个字符串变量和一个整数变量。要注意的是,在每一项声明的后面都必须有一个分号,就像在普通 Java 类中声明成员变量一样。

(3) 再次是位于<%和%>之间的程序代码段,它是一个 for 循环,由它来描述 JSP 页面处理逻辑的 Java 代码。

```
<% for (int i=0;i<10;i++){
   str = str + i;
}%>
```

(4) 最后是位于<%=和%>之间的表达式代码，它提供了一种将 JSP 生成的数值嵌入 HTML 页面的简单方法，如本例中的<% = str %>。

2.2.2 使用 Eclipse Java EE IDE 创建项目

在这里，我们利用 Eclipse Java EE IDE for Web Developers(Version: Indigo Release)这个工具创建了一个新的 Java Web 项目，用于演示 page 和 include 这两个编译器指令的使用，具体步骤如下。

(1) 启动 Eclipse Java EE IDE，在【Servers】窗口启动 GlassFish 3.1.1 服务器(见图 2-10)。

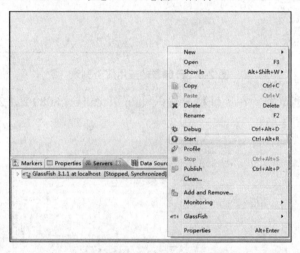

图 2-10　在 Eclipse 中的【Servers】窗口启动 GlassFish 3.1.1 服务器

(2) 选择【File】→【New】→【Dynamic Web Project】选项，创建一个 Dynamic Web Project 应用程序(见图 2-11)。

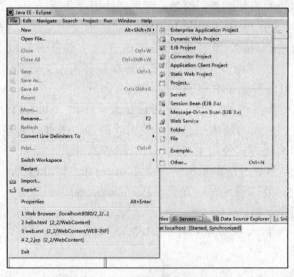

图 2-11　创建 Dynamic Web Project

(3) 输入项目名 2_2，同时做选择项目保存位置等其他选项设置(见图 2-12)。

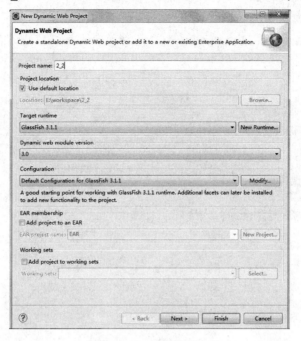

图 2-12 设置项目 2_2

(4) 设置完毕后，单击【Finish】按钮，在 Eclipse 的【Project Explorer】窗口中出现项目 2_2 的初始组织结构(见图 2-13)。

(5) 通过右键添加文件的方式，在【WebContent】根目录下添加一个 JSP 文件和一个 HTML 文件，分别命名为 2_2.jsp 和 hello.html(见图 2-14)。

图 2-13 项目 2_2 在【Project Explorer】
　　　　窗口中的初始组织结构

图 2-14 在【WebContent】根目录下添加
　　　　2_2.jsp 和 hello.html

(6) 打开文件 2_2.jsp，输入如示例 2-2 所示代码并保存。

示例 2-2 编译器指令测试页面。

2_2.jsp

```
<%@page contentType="text/html" pageEncoding="UTF-8"%>
<!DOCTYPE HTML PUBLIC "-//W3C//DTD HTML 4.01 Transitional//EN" "http://www.w3.org/TR/html4/loose.dtd">
```

```
<%@ page import="java.util.Date" %>
<html>
<head>
<meta http-equiv="Content-Type" content="text/html; charset=UTF-8">
<title>CH2 - 2_2.jsp</title>
</head>
<body>
<h2>page 指令</h2>
<h2>使用 java.util.Date 显示目前时间</h2>
<%
Date date = new Date();
out.println("现在时间："+date);
%>
<h2>include 指令</h2>
<%@ include file="hello.html" %>
<%
out.println("欢迎大家进入 JSP 的世界");
%>
</body>
</html>
```

(7) 打开文件 hello.html，输入如下所示代码并保存。

```
hello.html
JSP 设计与开发案例教程<br>
```

(8) 选中【Project Explorer】窗口中的文件 2_2.jsp，再选择【Run】→【Run As】→【Run on Server】选项(见图 2-15)。

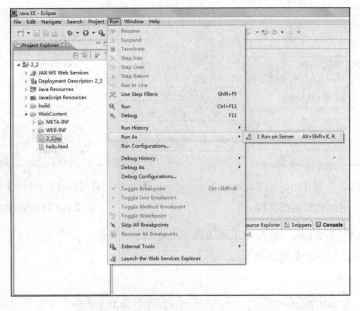

图 2-15　准备在 Server 上运行 2_2.jsp

(9) 设置 Run On Server 的向导(见图 2-16)。

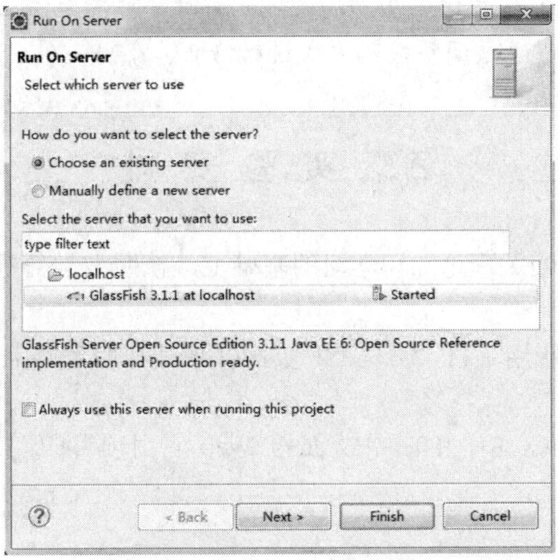

图 2-16 设置 Run On Server 的向导

(10) 单击【Finish】按钮，即可运行示例 2-2 中的程序(见图 2-17)。

图 2-17 运行示例 2-2 中的程序

在示例 2-2 中，因为要使用 Date( )类显示现在的时间，所以先要用<%@ page import="java.util.Date" %>导入这个类。如果在一个 JSP 页面中需要同时导入很多个类库包，可以采用如下书写方式：

```
<%@ page import="java.util.Date" %>
<%@ page import="java.text.*" %>
```

也可以直接使用逗号(,)分开，然后一直串接下去，如下所示：

```
<%@ page import="java.util.Date, java.text.*" %>
```

在示例 2-2 中，我们利用 include 指令在 2_2.jsp 中包含了一个 HTML 页面，include 的 HTML 文件名称为 hello.html。

提示！！！

include 文件内容中有中文时，当执行 2_2.jsp 时，可能无法正确显示 hello.html 页面的中文，会产生乱码，可通过调整编码方式进行修正。

2.3 实验安排

在顺利完成 2.1 节相关理论知识学习的基础上，按照教学任务的安排，独立完成如下两项实验内容：

(1) 创立 Java Web 应用项目，编写 JSP 页面并使其在服务器上成功运行(具体实验步骤可参照 2.2.1 节)；

(2) 利用 Eclipse Java EE IDE 完成 Java Web 应用项目的创建(具体实验步骤可参照 2.2.2 节)。

2.4 相关知识总结与拓展

2.4.1 知识网络拓展

关于 Eclipse Java EE IDE for Web Developers(Version: Indigo Release)与 GlassFish Server 3.1.1 的集成配置过程如下。

(1) 启动 Eclipse Java EE IDE，选择【Window】→【Open Perspective】→【Java EE】选项(见图 2-18)。

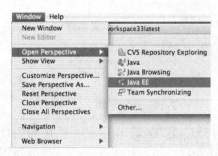

图 2-18 进入【Open Perspective】下的 Java EE

(2) 在【Servers】窗口中的空白区域右击，在弹出的快捷菜单中选择【New】→【Server】选项(见图 2-19)。

图 2-19 在【Servers】窗口新建一个 Server

(3) 单击【Download addtional server adapters】链接(见图 2-20)。

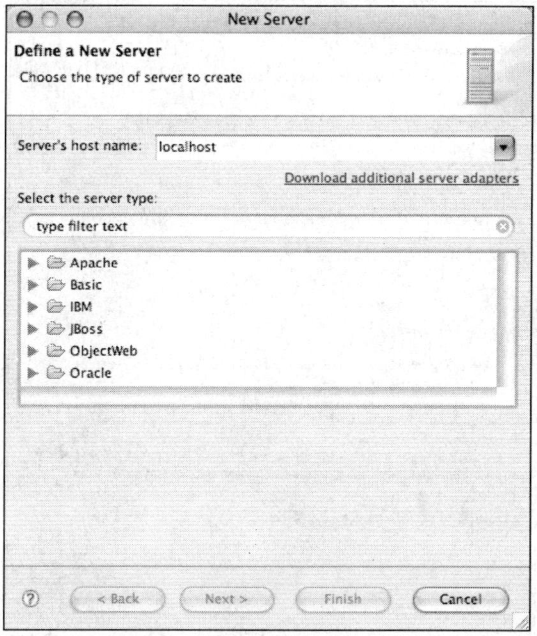

图 2-20　下载 server adapters

(4) 选择【Oracle GlassFish Server Tools】选项，并单击【Next】按钮(见图 2-21)。

图 2-21　选择 Oracle GlassFish Server Tools

(5) 选择接受许可协议，并单击【Next】按钮(见图 2-22)。

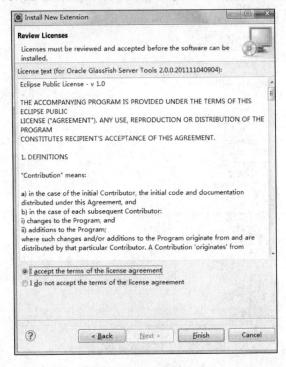

图 2-22　接受许可协议

(6) 开始准备下载，单击【OK】按钮(见图 2-23)。

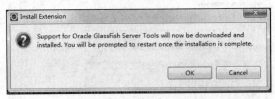

图 2-23　准备下载

(7) 下载完成后，单击【Restart Now】按钮重启 Eclipse 即可生效(见图 2-24)。

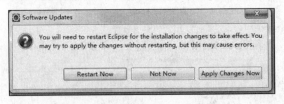

图 2-24　下载完成重启 Eclipse

(8) 重启后，再次进入【New Server】窗口，会看到一个新选项【GlassFish】，选择其中的 GlassFish 3.1.1 作为服务器(见图 2-25)。

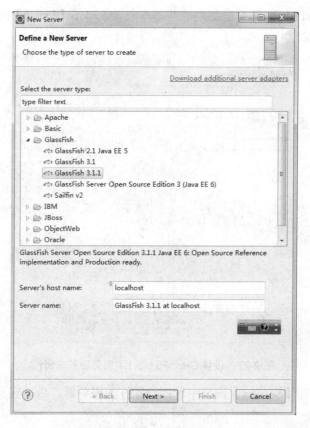

图 2-25　在【New Server】窗口中选择 GlassFish 3.1.1 服务器

(9) 设置 GlassFish 3.1.1 的安装路径，选择 GlassFish 在计算机上所在的路径，如果还没有安装 GlassFish，那么需要下载安装一个(见图 2-26)。

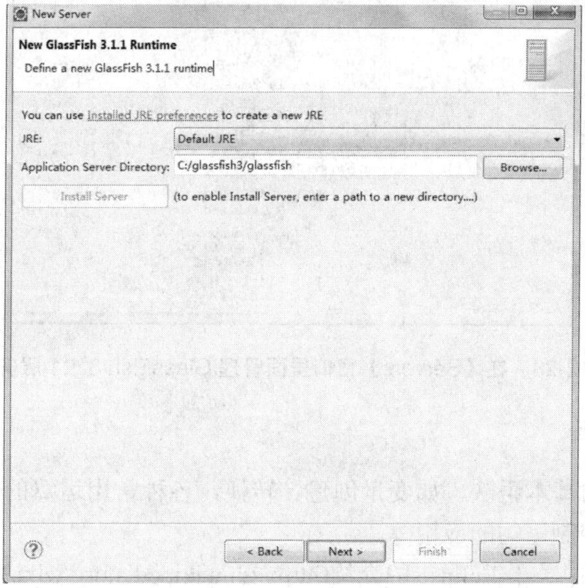

图 2-26　设置 GlassFish 3.1.1 的安装路径

(10) 设置 GlassFish 3.1.1 服务器的一些基本属性，单击【Finish】按钮，完成整个集成配置的过程(见图 2-27)。

图 2-27　设置 GlassFish 3.1.1 服务器基本属性

(11) 现在可以在【Servers】窗口中选择设置好的服务器，启动它及进行其他的管理等操作了(见图 2-28)。

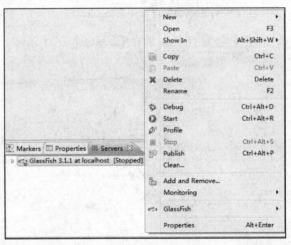

图 2-28　在【Servers】窗口里面管理 GlassFish 3.1.1 服务器

2.4.2　其他知识补充

(1) Java 语言的基本语法，如变量创建、转换，各种常用运算的操作，各种常用类的属性和方法，各种控制语句的应用等。

(2) 在维基百科中关于 Eclipse 的介绍(http://zh.wikipedia.org/wiki/Eclipse)。

(3) 提供不同版本 Eclipse 的下载(http://www.eclipse.org/downloads/)。

(4) 百度文库提供的"Eclipse 的入门教程"(http://wenku.baidu.com/view/f5d481c3d5bbfd0a79567317.html)。

习　题

1. 简答题

(1) 在 JSP 中，如何定义常数及声明全局变量？

(2) 请举例说明面向对象程序设计中"继承"的概念。

(3) 在 JSP 中变量声明有哪几种数据类型？并简述变量声明的方式。

2. 填空题

(1) JSP 指令标识通常以_____标记开始，以_____标记结束。

(2) JSP 表达式用于向页面输出信息，其使用格式是以_____标记开始，以_____标记结束。

(3) 面向对象编程技术的核心概念是_____和_____。

(4) 用于立即从当前循环终止控制的语句是_____，用于从调用处跳至循环开始处的语句是_____。

(5) 用于声明类所在"包"的语句是_____，用于从特定"包"中引入类的语句是_____。

(6) JSP 程序通常由_____、_____和_____三个部分组成。

(7) Page 指令中的属性_____可以指定在页面中使用的脚本语言。

(8) Page 指令中的属性_____可以指定 JSP 所要引用的包。

(9) JSP 页面组成分三类，Java 程序片段、_____和 HTML 标记。

3. 选择题

(1) Java 程序的基本组成部分是_____。
　　A. 类　　　　B. 属性　　　　C. 方法　　　　D. 对象

(2) Java 实现类的继承的关键字是_____。
　　A. super　　B. void　　　　C. new　　　　D. extends

(3) 用来指定怎样把另一个文件包含到当前的 JSP 页面的指令是_____。
　　A. page　　B. taglib　　　C. session　　　D. include

(4) 下列说法中错误的是_____。
　　A. <!-- This file displays the user login screen -->会在客户端的 HTML 源代码中产生和上面一样的数据
　　B. <%-- This comment will not be visible in the page source --%>会在客户端的 HTML 源代码中产生和上面一样的数据
　　C. <%! int i = 0; %>是一个合法的变量声明
　　D. 表达式元素表示的是一个在脚本语言中被定义的表达式

(5) 以下对 JSP 和 Servlet 的关系的描述，错误的是_____。

A. 由 JSP 转化而成的 Servlet 有三个方法，分别是 int( )、destroy( )、service( )方法

B. JSP 接收到第一个请求以后，JSP 包容器会把该 JSP 转换成为 Servlet

C. 只要 JSP 源代码没有修改，就用编译后的 Servlet 处理对该 JSP 页面的任何浏览器的请求

D. 如果修改了 JSP 源代码，JSP 包容器就会在下一次请求该页面时自动地把该 JSP 页面重新编译成 Servlet

(6) 在 JSP 中如果要导入 java.io.* 包，应该使用_____指令。

  A. page   B. taglib   C. include   D. forward

(7) _____指令定义在 JSP 编译时包含所需要的资源。

  A. include   B. page   C. taglib   D. forward

4. 程序设计

设计一个 JSP 程序，要求随机生成 n 个数字(整数)，随机数的取值范围是 $10\sim10+n$：

(1) 统计每个数字出现的次数，以及出现次数最多的数字及其出现个数，并打印出来。

(2) 如果某个数字出现次数为 0，则不要打印它。

(3) 打印时按照数字的降序排列。

备注：随机数的生成可以使用 Math 库提供的方法。

5. 综合案例 1

使用 Eclipse Java EE IDE 创建我的网上商城 MyShop 项目：

(1) 设计 head.jsp 页面，该页面为菜单链接公共页面，并加入首页链接。

(2) 设计 foot.jsp 页面，该页面为底部版权信息页面。

(3) 设计 index.jsp 页面，该页面为主页面，将自己的商品在 index.jsp 页面中展示；并包含 head.jsp、foot.jsp 页面。

第 3 章

JSP 动作元素

教学目标

(1) 了解 JSP 动作元素的作用和用法;
(2) 熟悉 JSP 动作元素的属性和应用规则;
(3) 掌握运用 JSP 动作元素实现不同功能的 Java Web 应用程序。

教学任务

(1) 学习 JSP 动作元素的作用和用法;
(2) 完成 JSP 动作元素和 JavaBean 的运用和执行。

3.1 相关理论知识

3.1.1 JSP 动作元素的组成及作用

JSP 使用 Action 来控制 Servlet 引擎的行为，使得动态地插入文件具有可能性，可重复使用 JavaBean 组件(参见 3.1.2 节)。这些都为开发人员的编程工作提供了极大的方便。JSP 提供了如下几种 Action：

- jsp:param 在 jsp:include、jsp:forward 或 jsp:params 块之间使用，指定一个将加入请求的当前参数组中的参数。
- jsp:include 在文件需要时包含一个文件。
- jsp:forward 将用户导向到一个新的页面。
- jsp:plugin 在 JSP 页面中引入插件。
- jsp:params 可以传送参数给 Applet 或 Bean。
- jsp:fallback 提供一段文字用于不能正常启动 Applet 或 Bean 时，浏览器显示出的一段错误信息。
- jsp:useBean 声明使用一个 JavaBean。
- jsp:setProperty 设置 Bean 中的属性值。
- jsp:getProperty 获取 Bean 中的属性值。

在 JSP 规范中，除了上述几种标准的 Action 外，读者还可以通过 taglib 指令来引进新的 Action，这样就增加了 Action 语法的灵活性。不论是标准的 Action 还是用户定义的 Action，它们都能定义属性名及其值。而属性名则必须是一个清清楚楚的名称，属性值可以使用计算表达式。如果在标签中有多个属性表达式，计算是从左到右的。

提示！！！

Action 的语法是区分大小写的，因此<jsp:useBean>不等于<jsp:usebean>，前者是标准 Action，而后者不是。

1) <jsp:param>

<jsp:param>元素提供名称和属性值对，主要是用在<jsp:include>、<jsp:forward>、<jsp:plugin>中传递参数。它的语法格式如下：

```
<jsp:param name="name" value="value" />
```

提示！！！

当使用<jsp:include>、<jsp:forward>时，被包含或将转去的页面可以得到对原页面的 request 对象(参见第 4 章)，而新的参数是加在原参数之前，且在使用时新参数值将优先处理，新参数值也是在<jsp:include>和<jsp:forward>调用时才有效。

2) <jsp:include>

此 Action 元素用于包含一个静态文件或动态文件，它的语法格式如下：

```
<jsp:include page="{relativeURL | <%= expression%>}" flush="true" />
```

或者

```
<jsp:include page="{relativeURL | <%= expression%>}" flush="true" />
    <jsp:param name="parameterName" value="{parameterValue | <%= expression
%>}/>"
</jsp:include>
```

  <jsp:include>元素可以包含动态文件和静态文件，这两种包含文件的结果是不同的。如果是静态文件，那么这种包含仅仅是把包含文件的内容加到调用它的 JSP 文件中去；如果这个文件是动态的，那么这个被包含文件将根据 request 对象执行，然后再将结果传回去，并且还可以用<jsp:param>传递参数名和参数值。当 include 行为完成后，JSP 引擎处理剩下的 JSP 文件。

  这里的属性 page="{relativeURL | <%= expression %>}"，它的参数为相对路径或是代表相对路径的表达式，该表达式的值将被转换为等效的字符串。

提示！！！

  静态文件和动态文件机制的区别如下：

  在指令<%@include file=?>中将被包含的资源看作是一个静态对象，将所有的字节都包含进去。而在行为<jsp:include page=/>中将被包含的资源看作是一个动态对象，request 对象被送到该对象，然后将执行结果包含进来。include 指令是在将 JSP 页面翻译成 Servlet 时将被包含文件插入到文件中，而 include 行为是在请求时就将内容插入。

  3）<jsp:forward>

  此 Action 元素用于重定向一个 HTML 文件、JSP 文件或者一个程序段，它的语法格式如下：

```
<jsp:forward page={"relativeURL" | "<%= expression %>"} />
```

或者

```
<jsp:forward page={"relativeURL" | "<%= expression%>"} >
    <jsp:param name="parameterName" value="{parameterValue | <%= expression %>}"/>
</jsp:forward>
```

  <jsp:forward>元素允许在运行时分派当前的 request 对象到其他的 JSP 页面或 Java Servlet 类等。且它有效地终止了当前页的执行，即<jsp:forward>标签以下的代码将不能执行。可以向目标文件传送参数和值，如果使用的是<jsp:param>标签，目标文件必须是一个动态的文件，能够处理参数。如果使用了缓冲输出，则在 request 对象被转交前，缓冲区将被清空。如果使用了非缓冲输出，那么使用<jsp:forward>时就要注意。如果在使用<jsp:forward>之前，JSP 文件已经有了数据，那么 forward 将导致 IllegalStateException 异常的发生。

  这里的属性 page="{relativeURL "|" <%= expression %>}"是一个表达式或一个字符串，用于说明将要定向的文件或 URL。这个文件可以是 JSP 程序段，或者其他能够处理 request 对象的文件(如 ASP，CGI，PHP)。而<jsp:param name="parameterName" value="{parameterValue |

<%= expression %>}" />是向一个动态文件发送一个或多个参数,这个文件一定是动态文件。如果想要传递多个参数,则可以在一个 JSP 文件中使用多个<jsp:param>。

4) <jsp: plugin>

此 Action 元素用于下载一个 Java 插件到客户端浏览器,执行一个 Applet 或 Bean(参见 3.1.2 节),它的语法格式如下:

```
<jsp:plugin
type="bean | applet"
code="classFileName"
codebase="classFileDirectoryName"
[ name="instanceName" ]
[ archive="URIToArchive, ..." ]
[ align="bottom | top | middle | left | right" ]
[ height="displayPixels" ]
[ width="displayPixels" ]
[ hspace="leftRightPixels" ]
[ vspace="topBottomPixels" ]
[ jreversion="JREVersionNumber | 1.1" ]
[ nspluginurl="URLToPlugin" ]
[ iepluginurl="URLToPlugin" ] >
[ <jsp:params>
<jsp:param name="parameterName" value="{parameterValue | <%= expression %>}"/>
</jsp:params> ]
[ <jsp:fallback>
    text message for user
  </jsp:fallback> ]
</jsp:plugin>
```

<jsp:plugin>元素各属性用途如表 3-1 所示。

表 3-1 <jsp:plugin>元素各属性用途

属性	说明
type	必须指定将被执行的对象类型是 Bean 还是 Applet,这个属性没有默认值
code	设定将被 Java Plugin 执行的 Java 类名称,必须以 .class 结尾,并且 .class 类文件必须存在于 codebase 属性所指定的目录中
codebase	设定将被执行的 Java 类的目录(或者是路径),默认值为使用<jsp:plugin>的 JSP 页面所在目录
name	表示 Bean 或 Applet 的名称
archive	一些由逗号分开的路径名,用于预先加载一些将要使用的类,此做法可以提高 Applet 的性能
align	设置图形、对象、Applet 的位置
height	显示 Applet 或 Bean 长的值,单位为像素(pixel)
width	显示 Applet 或 Bean 宽的值,单位为像素

续表

属　性	说　明
hspace	表示 Applet 或 Bean 显示时在屏幕左右所需留下的空间，单位为像素
vspace	表示 Applet 或 Bean 显示时在屏幕上下所需留下的空间，单位为像素
jreversion	表示 Applet 或 Bean 执行时所需的 Java Runtime Environment (JRE)版本
nspluginurl	表示 Netscape Navigator 用户能够使用的 JRE 的下载地址，此值为一个标准的 URL
iepluginurl	表示 IE 用户能够使用的 JRE 的下载地址，此值为一个标准的 URL
<jsp:params>	用于传送参数给 Applet 或 Bean
<jsp:fallback>	提供一段文字用于不能正常启动 Applet 或 Bean 时，浏览器显示出的一段错误信息

<jsp:plugin>元素用于在浏览器中播放或显示一个对象(典型的就是 Applet 和 Bean)，而这种显示需要下载浏览器的 Java 插件。当 JSP 文件被编译送往浏览器时，<jsp:plugin>元素将会根据浏览器的版本替换成<object>或者<embed>元素。

在启动时，<jsp:plugin>向 Applet 或 Bean 中传送参数名及其值。如果插件不能正常启动，则<jsp:fallback>元素会向用户提供相关信息。如果插件启动了，而 Applet 或 Bean 不能启动或找不到，则插件通常会显示一个弹出式窗口向用户解释。

一般来说，<jsp:plugin>元素会指定对象是 Applet 还是 Bean，同样也会指定 class 的名称和位置，另外还会指定将从哪里下载这个 Java 插件。

3.1.2 JavaBean 组件技术

JavaBean 作为一种组件技术，它的主要特点就是可以多次重复使用。而 JSP 也由于结合了 JavaBean 技术而使它的功能变得更加强大。在本节，将对 JavaBean 中涉及的几个 Action 元素的使用予以说明。

1) <jsp: useBean>

此 Action 元素用于创建一个 Bean 实例并指定它的名称和作用范围，它的语法格式如下：

```
<jsp:useBean
   id="beanInstanceName"
   scope="page | request | session | application"
   {
      class="package.class" |
      type="package.class" |
      class="package.class" type="package.class" |
      beanName="{package.class | <%= expression %>}" type="package.class"
   }
{
   /> | > other elements(body) </jsp:useBean>
}
```

<jsp:useBean>用于定位或实例一个 JavaBean 组件。<jsp:useBean>首先会试图定位一个 Bean 实例，如果这个 Bean 不存在，那么<jsp:useBean>就会从一个 class 或序列化模板中进行实例化。在<jsp:useBean>和</jsp:useBean>中的主体部分通常用于初始化实例，这种情况

下会使用<jsp:setProperty>元素和其他的一些 Scriptlet，用于设置 Bean 的属性值。<jsp:useBean>的主体仅仅只有在<jsp:useBean>实例化 Bean 时才会被执行，如果这个 Bean 已经存在，<jsp:useBean>能够定位它，那么主体中的内容将不会起作用。

这里的属性 id="beanInstanceName"用于命名一个变量以标识所指定范围中的 Bean，可在后面的程序中通过此变量名来使用 Bean。

提示！！！

属性 id="beanInstanceName"中的变量名区分大小写，且必须符合所使用的脚本语言的规定。如果这个 Bean 已经在别的<jsp:useBean>中创建，那么这两个 id 值必须保持一致。

属性 scope="page | request | session | application"用于定义一个 Bean 存在及 id 变量名的有效范围，默认值是 page。

提示！！！

要使用属性 scope="page | request | session | application"中的"session"，需要在创建 Bean 的 JSP 文件中的<%@ page %>指令中指定 session=true。

2）<jsp: setProperty>

此 Action 元素用于设置 Bean 中的属性值，它的语法格式如下：

```
<jsp:setProperty
   name="beanInstanceName"
   {
      property= "*" |
      property="propertyName" [ param="parameterName" ] |
      property="propertyName" value="{string | <%= expression %>}"
   }
/>
```

<jsp:setProperty>元素使用 Bean 给定的 setter 方法，设置 JavaBean 组件中的一个或多个属性值。在使用这个元素之前必须使用<jsp:useBean>声明此 Bean，因为<jsp:useBean>和<jsp:setProperty>是联系在一起的。同时在<jsp:setProperty>中的 name 值也应当和<jsp:useBean>中的 id 值相同。

这里的属性 name="beanInstanceName"表示一个已经在<jsp:useBean>中创建或加载的 Bean 实例的名称。

提示！！！

属性 name="beanInstanceName"的值必须与<jsp:useBean>中的 id 值相等，并且在同一个 JSP 文件中<jsp:useBean>必须出现在<jsp:setProperty>之前。

属性 property="*" 表示存储所有在 request 对象参数中与 Bean 属性相匹配的值。在 Bean 中属性的名称必须和 request 对象中的参数名一致。而 request 对象中的属性名通常来自于 HTML 表单中的元素，其值来自于用户输入。

从客户传到服务器上的参数值一般都是字符类型，这些字符串为了能够在 Bean 中匹配就必须转换成与之对应的类型。如果 request 对象的参数值中有空值或 null 值，那么对应的 Bean 属性将不会设定任何值。如果 Bean 中有一个属性没有与之对应的 request 参数值，那么这个属性也同样不会设定。

属性 property="propertyName" [param="parameterName"]使用 request 中的一个参数值来指定 Bean 中的一个属性值。property 指定 Bean 的属性名，param 指定 request 中的参数名。如果 Bean 属性和 request 参数的名称不同，那么就必须指定 property 和 param。如果它们同名，那就只需要指明 property。如果参数值为空(或未初始化)，对应的 Bean 属性将不被设定。

属性 property="propertyName" value="{string | <%= expression %>}"使用指定的值来设定 Bean 属性，这个值可以是字符串，也可以是表达式。如果这个值是字符串，那么它就会被转换成 Bean 属性的类型。如果它是一个表达式，那么它的类型就必须和它将要设定的属性值的类型一致。如果参数值为空，那么对应的属性值也不会被设定。

提示！！！

在一个<jsp:setProperty>中不能同时使用 param 和 value。

3) <jsp:getProperty>

此 Action 元素用于获取 Bean 的属性值，它的语法格式如下：

```
<jsp:getProperty name="beanInstanceName" property="propertyName" />
```

<jsp:getProperty>元素将获得 Bean 的属性值，并可以将其使用或显示在 JSP 页面中。它是通过使用 Bean 中的 getter 方法取值，然后把它转化为字符串，并保存在 out 对象中的。

提示！！！

在使用<jsp:getProperty>之前，必须用<jsp:useBean>创建它。

这里的属性 name="beanInstanceName"表示 Bean 实例的名称，由<jsp:useBean>指定，而属性 property="propertyName"表示想要显示的 Bean 的属性名。

3.2 相关实践知识

3.2.1 实现不同 JSP 页面间的跳转

在本示例中，我们利用 Eclipse Java EE IDE 创建一个新的 Java Web 项目，用于演示<jsp:forward>元素的使用，具体步骤如下：

(1) 启动 Eclipse Java EE IDE，在【Servers】窗口启动 GlassFish 3.1.1 服务器。

(2) 选择【File】→【New】→【Dynamic Web Project】选项，创建一个项目名称为 3_1 的 Dynamic Web Project 应用程序。

(3) 创建完成后，在 Eclipse 的【Project Explorer】窗口中的【WebContent】根目录下添加三个 JSP 文件，分别命名为 3_1.jsp、forward.jsp 和 result.jsp(见图 3-1)。

图 3-1 在【WebContent】根目录下添加三个 JSP 文件

(4) 打开文件 3_1.jsp，输入如示例 3-1 所示代码并保存。

示例 3-1 实现不同 JSP 页面之间的跳转。

3_1.jsp

```jsp
<%@page contentType="text/html" pageEncoding="UTF-8"%>
<!DOCTYPE HTML PUBLIC "-//W3C//DTD HTML 4.01 Transitional//EN"
            "http://www.w3.org/TR/html4/loose.dtd">
<%@ page import="java.util.*"%>
<html>
  <head>
    <meta http-equiv="Content-Type" content="text/html; charset=UTF-8">
    <title>CH3-3_1.jsp</title>
  </head>
  <body>
<h1>Forward Test!</h1>
    <!-- 以post方式将表单提交至forward.jsp处理 -->
    <form method="post" action="forward.jsp">
      <p>用户名：
      <INPUT id="username "size="25" name="username">
      </p>
      <p>    密码：
      <input id="userpass" type="password" size="25" name="userpass">
      </p>
      <P style="TEXT-ALIGN:left">
      <INPUT type="submit" value="登录" id="submit" name="loginsubmit">
      </P>
    </form>
  </body>
</html>
```

(5) 打开文件 forward.jsp，输入如下所示代码并保存。

forward.jsp

```jsp
<%@page contentType="text/html" pageEncoding="UTF-8"%>
<!DOCTYPE HTML PUBLIC "-//W3C//DTD HTML 4.01 Transitional//EN"
                "http://www.w3.org/TR/html4/loose.dtd">
<%@ page import="java.util.*"%>
<html>
  <head>
    <meta http-equiv="Content-Type" content="text/html; charset=UTF-8">
    <title>CH3-forward.jsp</title>
  </head>
  <body>
<%--从 request 请求中获得用户提交的用户名和密码，检验输入是否符合预设值--%>
    String user = request.getParameter("username");
    String password = request.getParameter("userpass");
    if (user.equals("admin") && password.equals("123")){
%>
<%--输入值符合预期则转向结果页面，否则重新转回用户信息提交页面--%>
    <jsp:forward page="result.jsp"></jsp:forward>
<%
    } else {
%>
    <jsp:forward page="3_1.jsp"></jsp:forward>
<%
    }
%>
  </body>
</html>
```

(6) 打开文件 result.jsp，输入如下所示代码并保存。

result.jsp

```jsp
<%@page contentType="text/html" pageEncoding="UTF-8"%>
<!DOCTYPE HTML PUBLIC "-//W3C//DTD HTML 4.01 Transitional//EN"
                "http://www.w3.org/TR/html4/loose.dtd">
<html>
  <head>
    <meta http-equiv="Content-Type" content="text/html; charset=UTF-8">
    <title>CH3-result.jsp</title>
    <style type="text/css">
<!--
.style1 {
   color: #990000;
   font-size: medium;
}
-->
```

```html
      </style>
   </head>
   <body>
      <div align="center">
         <p><img src="image/duke.waving.gif"></p>
         <p> <span class="style1">
         恭喜您，页面登录跳转成功，欢迎来到JSP!   </span> </p>
      </div>
   </body>
</html>
```

(7) 选中【Project Explorer】中的文件 3_1.jsp，再选择【Run】→【Run As】→【Run on Server】选项，设置 Run On Server 的向导，运行示例 3-1 中的程序(见图 3-2)。

(8) 输入用户名和密码，单击【登录】按钮，如果输入错误，页面会返回登录页面 3_1.jsp。

(9) 如果输入正确，页面会跳转到 result.jsp 页面(见图 3-3)。

图 3-2 运行示例 3-1 中的程序

图 3-3 显示 result.jsp 登录成功页面

在本示例中，我们在 3_1.jsp 文件中创建了一个登录页面，主要是通过一个 form 表单，将登录信息提交给 forward.jsp 文件进行处理，在表单中包括用户名、密码两个文本框和一个提交按钮。

forward.jsp 文件的主要任务就是判断用户名和密码正确与否，如果正确，就跳到成功页面 result.jsp；否则，重新跳回到登录页面 3_1.jsp。在 forward.jsp 的代码中，除了使用 <jsp:forward>元素实现页面的跳转外，还使用了一种 request 对象(在第 4 章将会详细讲解)的 getParameter( )方法得到表单提交的信息。然后，使用条件语句 if-else 来判断用户名和密码是否正确。

3.2.2 用 JavaBean 实现用户信息注册

这是一个注册用户基本信息的示例，在这个示例中主要包括了注册界面、实现注册功能的 JavaBean 和调用使用 JavaBean 的页面三部分。我们通过这样一个 Java Web 项目示例来演示 JavaBean 的几个 Action 元素的应用，参照步骤如下。

(1) 新建一个项目名称为 3_2 的 Dynamic Web Project 应用程序。

(2) 新建一个名称为 SimpleBean.java 的类文件(见图 3-4)。

(3) 新建两个 JSP 文件，分别命名为 3_2.jsp 和 usebean.jsp(见图 3-5)。

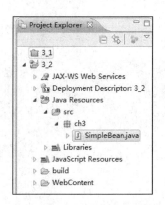
图 3-4 新建 SimpleBean.java 类文件

图 3-5 新建两个 JSP 文件 3_2.jsp 和 usebean.jsp

(4) 打开文件 3_2.jsp，输入如示例 3-2 所示代码并保存。

示例 3-2 用 JavaBean 实现用户信息注册。

3_2.jsp

```
<%@ page language="java" contentType="text/html; charset=UTF-8"%>
<!DOCTYPE html PUBLIC "-//W3C//DTD HTML 4.01 Transitional//EN" "http://www.w3.org/TR/html4/loose.dtd">
<%@ page import="java.util.*"%>
<html>
<head>
<meta http-equiv="Content-Type" content="text/html; charset=UTF-8">
<title>CH3-3_2.jsp</title>
</head>
<body>
<!--设置表单-->
  <form action="usebean.jsp">
    <table>
    <tr>
      <td>姓名：<input type="text" name="userName"></td>
    </tr>
    <tr>
      <td>密码：<input type="password" name="password"></td>
    </tr>
    <tr>
      <td>年龄：<input type="text" name="age"></td>
    </tr>
    <tr>
      <td align="center"><input type="submit"></td>
    </tr>
```

```
        </table>
    </form>
</body>
</html>
```

(5) 打开文件 usebean.jsp,输入如下所示代码并保存。

usebean.jsp

```
<%@page contentType="text/html" pageEncoding="UTF-8"%>
<!DOCTYPE HTML PUBLIC "-//W3C//DTD HTML 4.01 Transitional//EN"
                "http://www.w3.org/TR/html4/loose.dtd">
<%@ page import="java.util.*"%>
<!--设置 bean 的 id 和类名-->
    <jsp:useBean id="user" scope="page" class="ch3.SimpleBean">
        <!--设置 setProperty 的属性-->
        <jsp:setProperty name="user" property="*"/>
    </jsp:useBean>
<html>
  <head>
        <meta http-equiv="Content-Type" content="text/html; charset=UTF-8">
        <title>CH3-usebean.jsp</title>
  </head>
  <body>
        <h3>注册成功!</h3>
        <hr>
                使用 Bean 的属性方法:    <br>
        <!--通过 bean 的 id 来调用 get 方法显示-->
        用户名:<%=user.getUserName()%><br>
        密码:<%=user.getPassword()%><br>
        年龄:<%=user.getAge()%><br>
        <hr>
        <!--通过 getProperty 指令方式显示-->
        使用 getProperty:          <br>
        用户名:<jsp:getProperty name="user" property="userName"/><br>
        密码:<jsp:getProperty name="user" property="password"/><br>
        年龄:<jsp:getProperty name="user" property="age"/><br>
  </body>
</html>
```

(6) 打开文件 SimpleBean.java,输入如下所示代码并保存。

SimpleBean.java

```
package ch3;
public class SimpleBean {
    private String userName;
    private String password;
    private String age;
```

```java
//获取用户名
public String getUserName() {
    return userName;
}
//设置用户名
public void setUserName(String userName) {
    this.userName = userName;
}
//获取密码
public String getPassword() {
    return password;
}
//设置密码
public void setPassword(String password) {
    this.password = password;
}
//获取年龄
public String getAge() {
    return age;
}
//设置年龄
public void setAge(String age) {
    this.age = age;
}
}
```

(7) 运行示例 3-2 中的程序(见图 3-6)。

(8) 输入用户名、密码和年龄，单击【注册】按钮，如果成功会出现提示界面(见图 3-7)。

图 3-6　运行示例 3-2 中的程序

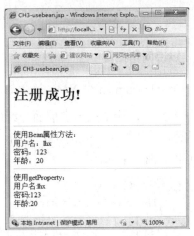

图 3-7　显示 usebean.jsp 注册成功页面

我们通过上面的示例演示了 JavaBean 的 Action 元素的运用，由<jsp:setProperty>和<jsp:getProperty>模拟了用户信息的设置和显示。3_2.jsp 页面主要由三个用来填写用户姓名、密码和年龄信息的文本框和一个【注册】提交按钮所构成，通过表单，将信息发送给

usebean.jsp 页面。而 SimpleBean.java 文件设置了 userName、password 和 age 三个属性，并为每个属性建立了 set 和 get 方法，在页面上可以直接调用 get 方法来显示信息或者调用 set 方法来设置信息。最后，在页面 usebean.jsp 中，采用了 get 和<jsp:getProperty>两种方式获取信息，使用户注册信息显示出来。第一种方式是通过 user.get×××( )方法获得用户的信息，这里的"user"指的就是 JavaBean 对象；而第二种方式是设置<jsp:setProperty>的 name 和 property 属性，其中 property 的属性值"*"用于获取 user 的所有属性。

提示！！！

（1）表单中的参数名要与 JavaBean 中的属性名称保持一致，否则在获取信息时会出现 null 值。

（2）在步骤(2)中新建类文件 SimpleBean.java 时，示例中将 package(包)设置为"ch3"，然后在文件 usebean.jsp 中调用 JavaBean 时，才设置了元素<jsp:useBean>的属性"class="ch3.SimpleBean""，这里的"ch3"即为 JavaBean 的包，读者在运行示例时，可根据 package 设置的实际情况加以调整。

3.3 实验安排

在顺利完成 3.1 节相关理论知识学习的基础上，按照教学任务的安排，独立完成如下两项实验内容：

（1）编写 JSP 页面，实现不同 JSP 页面之间的跳转(具体实验步骤可参照 3.2.1 节)；

（2）创建 Java Web 项目，实现用 JavaBean 完成用户信息的注册(具体实验步骤可参照 3.2.2 节)。

3.4 相关知识总结与拓展

3.4.1 知识网络拓展

1. JSP Document 中 XML 语法的应用

在 JSP 中，除了规定了前面介绍的一般 JSP 语法规范，还规定了另一种符合 XML 格式的语法。不同于一般的 JSP 文档，这里的 JSP Document 是指专门使用 XML 语法所写成的 JSP 页面。例如：

```
<jsp:scriptlet>
    String name="Benjamin";
</jsp:scriptlet>
Hello, Welcome to JSP !<jsp:expression>name</jsp:expression>
```

对于 Directive、Scripting Elements 和 Comments，除了上述的一般 JSP 语法格式，还存在对应的 XML 格式的语法。表 3-2 中列出了各项 XML 格式的语法。

表 3-2 各项指令和元素的 XML 格式的语法

指令和元素名称	XML 格式语法
Include Directive	<jsp: directive.include file="relativeURL"/>
Page Drietive	<jsp: directive.page pageDirectiveAttrilist /> pageDirectiveAttrilist 表示 Page Drietive 的属性列表，可以是其属性中任一选项
Declaration	<jsp:declaration> declaration;[declaration;]... </jsp:declaration>
Expression	<jsp:expression> expression </jsp:expression>
Scriptlet	<jsp:scriptlet> code fragment </jsp:scriptlet>

Root	<jsp:root>定义了标准的 JSP 元素和 taglib 的 namespace。它的格式如下：
	<jsp:root
	  xmlns:jsp="http://java.sun.com/JSP/Page"
	  [xmlns:taglibPrefix="URI"]+...
	  version="1.2|2.0">
	    JSP Page
	</jsp:root>

Text	<jsp:text>用来添加模板数据。它的格式如下： <jsp:text> template data </jsp:text>

2. 动态生成 XML 元素标签的值

在 JSP 2.0 规范中又引入了 3 个新的元素，即<jsp:element>、<jsp:attribute>和<jsp:body>，它们主要用于动态生成 XML 元素标签的值。

1) <jsp:element>

<jsp:element>元素用来动态定义 XML 元素标签的值，它只有一个属性 name，name 的值就是 XML 元素标签的名称。它的语法如下：

```
<jsp:element name="name">
    ……
</jsp:element>
```

或者为

```
<jsp:element name="name">
    <jsp:attribute>
        ……
```

```
        </jsp:attribute>
        ……
        <jsp:body>
            ……
        </jsp:body>
</jsp:element>
```

例如：

```
<jsp:element name="firstname">
    <jsp:attribute name="name">Mike</jsp:attribute>
    <jsp:body>Hello</jsp:body>
</jsp:element>
```

执行的结果如下：

```
<firstname name="Mike">Hello</firstname>
```

2) <jsp:attribute>

<jsp:attribute>元素主要用于定义 XML 元素的属性或设定标准、自定义标签的属性值，它的语法如下：

```
<jsp:attribute name="name" trim="true | false">
    ……
</jsp:attribute >
```

<jsp:attribute>有两个属性：name 和 trim。其中 name 的值就是标签的属性名称。Trim 表示是否忽略内容部分的空白，可为 true 或 false，默认值为 true。如果为 true，内容部分的前后空白将被忽略；反之，若为 false，前后空白将不被忽略。

3) <jsp:body>

<jsp:body>元素主要用来定义 XML 元素标签的内容，它没有任何的属性。<jsp:body>的语法如下：

```
<jsp:body>
    ……
</jsp:body>
```

3.4.2 其他知识补充

(1) Oracle 官网关于 Action 如何使用的培训内容(http://docs.oracle.com/javase/tutorial/uiswing/misc/action.html)。

(2) JSP Tutorial(http://www.jsptut.com/)。

(3) Apache Tomcat，开源的 Java Web 服务器(http://tomcat.apache.org/)。

(4) JSR-000152 JavaServer Pages 2.0 Specification(Final Release)(http://jcp.org/aboutJava/communityprocess/final/jsr152/)。

习 题

1. 简答题

(1) 如果表单中的参数名与 JavaBean 中的属性在数量和名称上都不同,该如何处理?

(2) 是否所有的客户端浏览器都能有效地支持 JSP 的 Action 元素?

(3) 包(package)在 Java Web 应用程序中的作用是什么?如何使用包?

2. 填空题

(1) _____是可以被重复使用的 Java 组件,主要用于与数据的交互。

(2) 在 JSP 标准动作标签中,标签_____相当于创建一个 JavaBean 的示例。

(3) 获得 Bean 实例后,可以利用_____动作设置、修改 Bean 中的属性值。

(4) 在 JSP 中,指令_____用于将文件嵌入 JSP 页面。

(5) 在 JSP 中,_____动作用于将请求转发给其他 JSP 页面。

3. 选择题

(1) 用于在当前的 JSP 页面中加入静态文件和动态文件资源的指令是_____。

  A. jsp:include   B. jsp:forward

  C. jsp:param   D. jsp:use

(2) 用于把当前的 JSP 页面转移到另一个页面的指令是_____。

  A. jsp:include   B. jsp:forward

  C. jsp:param   D. jsp:use

(3) 用于得到客户端的信息的内置对象是_____。

  A. out   B. cookie   C. request   D. session

(4) 用于保存网站的一些全局变量的内置对象是_____。

  A. Applicaftion   B. pageContext

  C. request   D. application

(5) 下列关于<jsp:useBean>的说法,错误的是_____。

  A. <jsp:useBean>用于定位或实例一个 JavaBean 组件

  B. <jsp:useBean>首先会试图定位一个 Bean 实例,如果这个 Bean 不存在,那么<jsp:useBean>会从一个 class 或模板中进行实例

  C. <jsp:useBean>元素的主体通常包含有<jsp:setProperty>元素,用于设置 Bean 的属性值

  D. 以上说法全不对

(6) 下面说法中错误的是_____。

  A. <jsp:include>元素不允许包含动态文件

  B. 如果<jsp:include>包含的文件是动态的,还可以用<jsp:param>传递参数名和参数值

C. <jsp:forward>标签从一个 JSP 文件向另一个文件传递一个包含用户请求的 request 对象

D. <jsp:forward>标签以下的代码,将不能执行

(7) 下面对 plugin 动作的描述,正确的是_____。

A. 在页面被请求的时候引入一个文件

B. 寻找或者实例化一个 JavaBean

C. 把请求转到一个新的页面

D. 根据浏览器类型为 Java 插件生成 object 或 embed 标记

4. 程序设计

设计一个登录的 JSP 页面 login.jsp,可输入用户名与口令,当提交后在 check.jsp 中验证用户输入的用户名和口令是否正确。若通过验证,进入另一页面 welcome.jsp,显示欢迎信息,否则转回 login.jsp。

5. 综合案例 2

在综合案例 1 的基础上,加入如下功能:

(1) 设计 login.jsp 页面,实现用户登录功能。在用户登录成功后,跳转至 index.jsp 页面中,并在首页 index.jsp 显示当前登录用户信息。

(2) 在 head.jsp 加入 login.jsp 用户登录链接。

(3) 设计 register.jsp 页面,实现用户注册功能。注册成功后,跳转至 login.jsp 页面。

第 4 章

JSP 内置对象

教学目标

(1) 了解 JSP 内置对象的作用和用法;
(2) 熟悉各 JSP 内置对象包含的方法及其作用;
(3) 掌握运用 JSP 内置对象实现不同功能的 Java Web 应用程序。

教学任务

(1) 学习 JSP 内置对象的作用和用法;
(2) 完成 JSP 内置对象的运用和执行。

4.1 相关理论知识

4.1.1 JSP 内置对象的组成

JSP 中内置了一些对象，这些对象在 JSP 引擎中将 JSP 程序解释成 Java Servlet 之后会被自动地声明，它们大部分是用来处理服务器与客户端的数据和信息的。本节就先来介绍这些内置对象的组成(见表 4-1)。

表 4-1 JSP 内置对象

名 称	说 明	作用范围
request	由 request 触发服务器	Request
response	对 request 的应答	Page
pageContext	当前 JSP 页面的上下文	Page
session	为发出请求的客户端所创建的 session 对象，只对 HTTP 协议有效	Session
application	从 Servlet 的 configuration 对象中获得的 Servlet 上下文，如通过 getServletConfig( )和 getContext( )可以得到	Application
out	向输出流写入信息的对象	Page
exception	未捕获的 Throwable 对象，由它激活错误页	Page
config	当前页的 ServletConfig	Page
page	当前页实现类处理处理当前请求的实例	Page

request 是一个与 HttpServletRequest 接口相关的请求对象。可以通过 getParameter 获取请求的参数、请求类型(如 GET、POST、HEAD 等)和 HTTP 头(headers, 如 Cookies、Referer 等)。

response 是一个与 HttpServletResponse 接口相关的对客户端应答(response)对象。需要注意的是，输出流是带缓冲区的，那么设置 HTTP 的状态码和应答头都是合法的。尽管对通常的 Servlet 而言，一旦有任何输出送到客户端后，就不再允许这样做。

pageContext 对象用于封装使用一些服务器指定的特性，如高性能的 JspWriter。该对象提供了一些方便的方法，通过它们访问其他特性是相当直接的。

out 是一个用于向客户端发送输出的 PrintWriter 对象。但是为了利用 response 对象，它已成了 PrintWriter 带有缓冲区的升级版——JspWriter 的对象。当然，可以使用 page 指令的 buffer 属性调整缓冲区的大小，甚至可以将缓冲区完全关闭。另外，因为在 JSP 表达式中可以自动将输出流中的信息放置到特定位置，因此在表达式中几乎不会显式用到 out 对象，因此，可以说只有在 Scriptlet 中才会用到 out。

session 是一个与请求相关的 HttpSession 对象。需明确的一点是，session 是自动创建的，故即使是没有一个 session 的引用，它也是存在的。不过有一个例外，可以通过 page 指令中的 session 属性将其关闭。

提示！！！

在 page 指令中的 session 属性被关闭的情况下，如果 JSP 页面被转化为 Servlet，对 session 的引用将会引起错误的发生。

application 是通过 getServletConfig( )和 getContext( )得到的 ServletContext 对象。

config 是一个当前页面的 ServletConfig 对象。page 仅仅是 this 的一个同义词而已。它存在的作用是作为一个占位符，供脚本语言使用。

exception 是一个特殊的内置对象，当显示错误页面时可以使用该对象。

4.1.2 JSP 内置对象的方法

(1) request 对象的主要方法(见表 4-2)。

表 4-2　request 对象的主要方法

方　　法	说　　明
Object getAttribute(String name)	返回 name 指定的属性值，如果不存在该属性则返回 null
Enumeration getAttributeNames( )	返回 request 对象所有属性的名称
String getCharacterEncoding( )	返回请求中的字符编码方法，可以在 response 对象中设置
String getContentType( )	返回在 response 中定义的内容类型
Cookie[ ] getCookies( )	返回客户端所有的 Cookie 对象，其结果是一个 Cookie 数组
String getHeader(String name)	获取 HTTP 协议定义的文件头信息
Enumeration getHeaderNames( )	获取所有 HTTP 协议定义的文件头名称
Enumeration getHeaders(String name)	获取 request 指定文件头的所有值的集合
ServletInputStream getInputStream( )	返回请求的输入流
String getLocalName( )	获取响应请求的服务器端主机名
String getLocalAddr( )	获取响应请求的服务器端地址
int getLocalPort( )	获取响应请求的服务器端端口
String getMethod( )	获取客户端向服务器提交数据的方法(GET 或 POST)
String getParameter(String name)	获取客户端传送给服务器的参数值，参数由 name 属性决定
Enumeration getParameterNames( )	获取客户端传送给服务器的所有参数名称，返回一个 Enumerations 类的实例。使用此类需要导入 util 包
String[ ] getParameterValues(String name)	获取指定参数的所有值。参数名称由"name"指定
String getProtocol( )	获取客户端向服务器传送数据所依据的协议，如 HTTP/1.1、HTTP/1.0
String getQueryString( )	获取 request 参数字符串，前提是采用 GET 方法向服务器传送数据
BufferedReader getReader( )	返回请求的输入流对应的 Reader 对象，该方法和 getInputStream( ) 方法在一个页面中只能调用一个
String getRemoteAddr( )	获取客户端用户 IP 地址
String getRemoteHost( )	获取客户端用户主机名称
String getRemoteUser( )	获取经过验证的客户端用户名称，未经验证返回 null
StringBuffer getRequestURL( )	获取 request URL，但不包括参数字符串
void setAttribute (String name,Java.lang.Object object)	设定名字为 name 的 reqeust 参数的值，该值由 object 决定

(2) response 对象的主要方法(见表 4-3)。

表 4-3 response 对象的主要方法

方 法	说 明
void addCookie(Cookie cookie)	添加一个 Cookie 对象,用来保存客户端的用户信息
void addHeader(String name,String value)	添加 HTTP 头。该 Header 将会传到客户端,若同名的 Header 存在,原来的 Header 会被覆盖
boolean containsHeader(String name)	判断指定的 HTTP 头是否存在
String encodeRedirectURL(String url)	对于使用 sendRedirect( )方法的 URL 编码
String encodeURL(String url)	将 URL 予以编码,回传包含 session ID 的 URL
void flushBuffer( )	强制把当前缓冲区的内容发送到客户端
int getBufferSize( )	取得以 KB 为单位的缓冲区大小
String getCharacterEncoding( )	获取响应的字符编码格式
String getContentType( )	获取响应的类型
ServletOutputStream getOutputStream( )	返回客户端的输出流对象
PrintWriter getWriter( )	获取输出流对应的 writer 对象
void reset( )	清空 buffer 中的所有内容
void resetBuffer( )	清空 buffer 中所有的内容,但是保留 HTTP 头和状态信息
void sendError(int sc,String msg)或 void sendError(int sc)	向客户端传送错误状态码和错误信息。例如,505:服务器内部错误;404:网页找不到错误
void sendRedirect(String location)	向服务器发送一个重定位至 location 位置的请求
void setCharacterEncoding(String charset)	设置响应使用的字符编码格式
void setBufferSize(int size)	设置以 KB 为单位的缓冲区大小
void setContentLength(int length)	设置响应的 BODY 长度
void setHeader(String name,String value)	设置指定 HTTP 头的值。设定指定名称的 HTTP 文件头的值,若该值存在,它将会被新值覆盖
void setStatus(int sc)	设置状态码

(3) session 对象的主要方法(见表 4-4)。

表 4-4 session 对象的主要方法

方 法	说 明
Object getAttribute(String name)	获取指定名字的属性
Enumeration getAttributeNames( )	获取 session 中所有的属性名称
long getCreationTime( )	返回当前 session 对象创建的时间,单位是毫秒,由 1970 年 1 月 1 日零时算起
String getId( )	返回当前 session 的 ID。每个 session 都有一个独一无二的 ID
long getLastAccessedTime( )	返回当前 session 对象最后一次被操作的时间,单位是毫秒,由 1970 年 1 月 1 日零时算起
int getMaxInactiveInterval( )	获取 session 对象的有效时间
void invalidate( )	强制销毁该 session 对象

续表

方 法	说 明
ServletContext getServletContext( )	返回一个该 JSP 页面对应的 ServletContext 对象实例
HttpSessionContext getSessionContext( )	获取 session 的内容
Object getValue(String name)	取得指定名称的 session 变量值，不推荐使用
String[ ] getValueNames( )	取得所有 session 变量的名称的集合，不推荐使用
boolean isNew( )	判断 session 是否为新的，所谓新的 session 是指由服务器产生的 session，尚未被客户端使用
void removeAttribute(String name)	删除指定名称的属性
void pubValue(String name, Object value)	添加一个 session 变量，不推荐使用
void setAttribute(String name,Java.lang.Object object)	设定指定名称属性的属性值，并存储在 session 对象中
void setMaxInactiveInterval(int interval)	设置最大的 session 不活动的时间，若超过这时间，session 将会失效，时间单位为秒

(4) application 对象的主要方法(见表 4-5)。

表 4-5 application 对象的主要方法

方 法	说 明
Object getAttribute(String name)	获取指定名字的 application 对象的属性值
Enumeration getAttributes( )	返回所有的 application 属性
ServletContext getContext(String uripath)	取得当前应用的 ServletContext 对象
String getInitParameter(String name)	返回由 name 指定的 application 属性的初始值
Enumeration getInitParameters( )	返回所有的 application 属性的初始值的集合
int getMajorVersion( )	返回 Servlet 容器支持的 Servlet API 的版本号
String getMimeType(String file)	返回指定文件的 MIME 类型，未知类型返回 null。一般为 text/html 和 image/gif
String getRealPath(String path)	返回给定虚拟路径所对应物理路径
void setAttribute(String name,Java.lang.Object object)	设定指定名称的 application 对象的属性值
Enumeration getAttributeNames( )	获取所有 application 对象的属性名
String getInitParameter(String name)	获取指定名称的 application 对象的属性初始值
URL getResource(String path)	返回指定的资源路径对应的一个 URL 对象实例，参数要以 "/" 开头
InputStream getResourceAsStream(String path)	返回一个由 path 指定位置的资源的 InputStream 对象实例
String getServerInfo( )	获得当前 Servlet 服务器的信息
Servlet getServlet(String name)	在 ServletContext 中检索指定名称的 servlet
Enumeration getServlets( )	返回 ServletContext 中所有 Servlet 的集合
void log(Exception ex, String msg/String msg, Throwablet / String msg)	把指定的信息写入 servlet log 文件
void removeAttribute(String name)	移除指定名称的 application 属性
void setAttribute(String name, Object value)	设定指定的 application 属性的值

(5) out 对象的主要方法(见表 4-6)。

表 4-6 out 对象的主要方法

方　　法	说　　明
void clear( )	清除输出缓冲区的内容，但是不输出到客户端
void clearBuffer( )	清除缓冲区的内容，并且输出数据到客户端
void close( )	关闭输出流，清除所有内容
void flush( )	输出缓冲区里面的数据
int getBuffersize( )	获得缓冲区大小。缓冲区的大小可用<%@ page buffer="size" %>设置
int getRemaining( )	获得缓冲区可使用空间大小
void newLine( )	输出一个换行字符
boolean isAutoFlush( )	该方法返回一个 boolean 类型的值，如果为 true，表示缓冲区会在充满之前自动清除；返回 false 表示如果缓冲区充满则抛出异常。是否 auto fush 可以使用<%@ page is AutoFlush="true/false"%>来设置
print(boolean b/char c/char[ ] s/double d/float f/int i/long l/Object obj/String s)	输出一行信息，但不自动换行
println(boolean b/char c/char[ ] s/double d/float f/int i/long l/Object obj/String s)	输出一行信息，并且自动换行
Appendable append(char c / CharSequence cxq, int start, int end/ CharSequence cxq)	将一个字符或者实现了 CharSequence 接口的对象添加到输出流的后面

(6)exception 对象的主要方法(见表 4-7)。

表 4-7 exception 对象的主要方法

方　　法	说　　明
String getMessage( )	返回错误信息
void printStackTrace( )	以标准错误的形式输出一个错误和错误的堆栈
void toString( )	以字符串的形式返回对异常的描述
void printStackTrace( )	打印出 Throwable 及其 call stack trace 信息

4.2 相关实践知识

4.2.1 实现网站计数器功能

这是一个用于统计网站访问人数的示例，在本示例中我们分别使用 session 对象和 application 对象实现网站计数器的功能。通过示例来了解 session 对象和 application 对象的用法和用途，并从中对比分析这两种对象在同一功能实现情况下的区别，具体参照步骤如下。

(1) 新建一个项目名称为 4_1 的 Dynamic Web Project 应用程序。
(2) 新建一个名称为 4_1.jsp 的 JSP 文件。
(3) 打开文件 4_1.jsp,输入如示例 4-1 所示代码并保存。

示例 4-1 用 session 和 application 实现网站计数器。

4_1.jsp

```jsp
<%@ page language="java" contentType="text/html; charset=UTF-8"%>
<!DOCTYPE html PUBLIC "-//W3C//DTD HTML 4.01 Transitional//EN" "http://www.w3.org/TR/html4/loose.dtd">
<html>
    <head>
        <meta http-equiv="Content-Type" content="text/html; charset=UTF-8">
        <title>CH4-4_1.jsp</title>
    </head>
    <body>
        <center><h3>使用 session 统计网站访问人数</h3></center>
        <hr>
<%--统计网站访问人数的同步方法-->
        <%!
            int number=0;
            synchronized void countPeople()  //同一时刻只有一个线程执行此代码块
            {
              number++;
            }
        %>
<%--判断 session 是否为新建立的,若是就累加网站访问人数,并存储 session 用户信息,否则不执行-->
        <%
            if(session.isNew())
            {
              countPeople();
              String str=String.valueOf(number);//将 number 转为 String 类型
              session.setAttribute("count",str);//保存session,名称为count,值为str
            }
        %>
        <center>您是第<%=(String)session.getAttribute("count")%>个访问本站的人。</center>
        <center><h3>使用 application 统计网站访问人数</h3></center>
        <hr>
<%--使用 application 对象实现对网站访问人数的统计 -->
        <%
            Integer count=(Integer)application.getAttribute("counter");
            if(count==null)
                count=new Integer(1);
            else
                count=new Integer(count.intValue()+1);
```

```
            application.setAttribute("counter",count);
        %>
        <center>你是本站第<%=count%>位访客。</center>
    </body>
</html>
```

(4) 运行示例 4-1 中的程序(见图 4-1)。

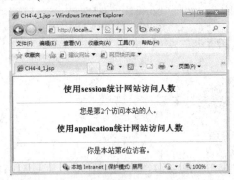

图 4-1　运行示例 4-1 中的程序

application 是一个实现了 javax.servlet.ServletContext 接口的类，提供了一些存取 Servlet 环境变量的方法，而且，application 还可以用于保存用户的公共信息。有时候，一些服务器不支持 application.method( )的形式，那么可以采用 getServletContext( ).method( )的形式来使用 application。实际上，两种方式的原理是一样的，getServletContext( )方法返回的就是当前的 application 对象。

在本示例中，我们利用 application 对象实现了一个网站访问计数器的功能。这是因为 application 可以用来存储各种对象，而这些对象一旦建立，就会一直保持下去，直到服务器关闭为止，并且能够被所有访问该页面的请求所共享。所以，我们可以用 application 对象来保存一些所有请求相同 JSP 页面的用户的共同信息。

程序代码中首先用一个 if 语句检查 counter 对象是否已经被定义过(即页面是否是第一次被访问)，如果没有，则将初始值 1 赋给变量 count，否则，从 counter 对象直接取值后赋给 count。最后，将 count 的值赋给 counter 对象。

提示！！！

application 的 getAttribute( )方法和 setAttribute( )方法操作的都是对象型的数据，所以要实现对象型和整型数据之间的转换。

而 session 是一个实现 javax.servlet.http.HttpSession 接口的类，也可以用 session 来保存用户的信息。虽然 session 对象与 application 对象都可以用来保存用户的信息，但是，两者却存在着明显的不同：application 对象用于保存所有用户的公共信息，所有用户的 application 对象都是相同的；而 session 对象则是用来保存用户个人信息的，它的生命周期也只限于用户访问该网站的时段。

在这个示例中，我们利用 session 对象实现了同样一个网站访问计数器的功能。首先，声明一个整型变量 int number=0；用于计数；其次，创建 session 保存转换成字符串型的计数数值；最后，再从 session 中获取数据显示在页面上。而在 session 创建之后，写入数据之前，要判断 session 是否为本次运行 JSP 网页新创建的。如果是新创建的，整型变量 number 加 1 写入 session，对于每个访问网页的新用户，整型变量都加 1；如果 session 不是新创建的，则直接从 session 中获取原有的数据显示在页面上。因此刷新网页时，用户屏幕上显示的数据不会发生变化。

在 session 示例的代码中，session.isNew( )方法就是用于判断当前访问网页的用户 session 是否是新创建的。如果访问网页的是新用户，session.isNew( )的返回值为 True，这样 if 语句块就会执行，整型变量 number 加 1，数值转换成字符串并赋值给 count，再写入 session。然后再执行 session.getAttribute( )，从 session 中获取刚刚更新的 count 数据。

如果访问网页的用户是重复访问者(刷新)，session.isNew( )的返回值就为 False，这样页面就会跳过 if 语句块，直接执行 session.getAttribute( )，此时从 session 中获取的数据还是原来的数据，计数器不会发生变化。

4.2.2 实现错误异常的捕获和处理

这是一个用于捕获 JSP 程序中错误异常的示例，在这个示例中我们用 out 对象、exception 对象、request 对象、pageContext 对象和 config 对象等实现了除法运算中错误异常捕获的功能。通过本示例来了解 JSP 中这几个内置对象的用法和用途，具体参照步骤如下。

(1) 新建一个项目名称为 4_2 的 Dynamic Web Project 应用程序。
(2) 新建三个名称分别为 4_2.jsp、divide.jsp、exception.jsp 的 JSP 文件。
(3) 打开文件 4_2.jsp，输入如示例 4-2 所示代码并保存。

示例 4-2 用 JSP 内置对象实现错误异常的捕获和处理。
4_2.jsp

```
<%@ page language="java" contentType="text/html; charset=UTF-8"%>
<!DOCTYPE html PUBLIC "-//W3C//DTD HTML 4.01 Transitional//EN" "http://www.w3.org/TR/html4/loose.dtd">
<html>
    <head>
        <meta http-equiv="Content-Type" content="text/html; charset=UTF-8">
        <title>CH4-4_2.jsp</title>
    </head>
    <body>
        <div align="center">
          <form method="post" action="divide.jsp">
            <h3>整数除法运算</h3>
            <hr>
            <p>
              被除数：<input type="text" size="10" name="dividend">
              除数：<input type="text" size="10" name="divisor">
            </p>
            <p><input type="submit" name="Submit" value="计算"></p>
          </form>
        </div>
    </body>
</html>
```

(4) 打开文件 divide.jsp，输入如下所示代码并保存。

divide.jsp

```jsp
<%@ page language="java" contentType="text/html; charset=UTF-8" errorPage="exception.jsp"%>
<!DOCTYPE html PUBLIC "-//W3C//DTD HTML 4.01 Transitional//EN" "http://www.w3.org/TR/html4/loose.dtd">
<html>
    <head>
        <meta http-equiv="Content-Type" content="text/html; charset=UTF-8">
        <title> CH4-divide.jsp </title>
    </head>
    <body>
        <center>
        <h3>计算结果 </h3>
        <hr>
<%--计算除法运算的结果，并做异常判断处理--%>
        <%
            int dividend=0;
            int divisor=0;
            int result;
            try{
              //request 得到的参数为 String，将其转换为 int 类型
              dividend=Integer.parseInt(request.getParameter("dividend"));
            }
            //捕捉 NumberFormatException 异常
            catch(NumberFormatException e){
              throw new NumberFormatException("被除数不是整数!");//抛出此异常
            }
            try{
              divisor=Integer.parseInt(request.getParameter("divisor"));
            }
            catch(NumberFormatException e){
                throw new NumberFormatException("除数不是整数!");
            }
            result=dividend/divisor;
            out.println(dividend+"/"+divisor+"="+result);
        %>
        <h3>使用 pageContext 保存计算结果</h3>
        <hr>
<%--使用 pageContext 对象保存除法运算结果，并输出其不同方法应用后的效果--%>
        <%
            pageContext.setAttribute("计算结果",result);
            out.println("pageContext.getAttribute(\"计算结果\")= "
                    +pageContext.getAttribute("计算结果")+"<br>");
            out.println("pageContext.findAttribute(\"计算结果\")= "
```

```
                        +pageContext.findAttribute("计算结果")+"<br>");
                out.println("pageContext.getAttributesScope(\"计算结果\")= "
                        +pageContext.getAttributesScope("计算结果")+"<br>");
                pageContext.removeAttribute("计算结果");
                out.println("After remove Attribute,pageContext.getAttribute(\"计算结果\")= "
                        +pageContext.getAttribute("计算结果")+"<br>");
            %>
        </center>
    </body>
</html>
```

(5) 打开文件 exception.jsp，输入如下所示代码并保存。

exception.jsp

```
<%@ page language="java" contentType="text/html; charset=UTF-8" isErrorPage="true"%>
<!DOCTYPE html PUBLIC "-//W3C//DTD HTML 4.01 Transitional//EN" "http://www.w3.org/TR/html4/loose.dtd">
<%@page import="java.util.Enumeration"%>
<html>
    <head>
        <meta http-equiv="Content-Type" content="text/html; charset=UTF-8">
        <title>CH4-exception.jsp</title>
    </head>
    <body>
        <center>
        <h3>错误信息</h3>
        <hr>
        <%=exception.toString()%>
        <h3>服务器端和客户端信息</h3>
        <hr>
        <%
            out.println("ServerName: "+request.getServerName());
            out.println("<br>");
            out.println("ServerPort: "+request.getServerPort());
            out.println("<br>");
            out.println("Protocol: "+request.getProtocol());
            out.println("<br>");
            out.println("RemoteAddr: "+request.getRemoteAddr());
            out.println("<br>");
            out.println("RemoteHost: "+request.getRemoteHost());
            out.println("<br>");
            out.println("CharacterEncoding: "+request.getCharacterEncoding());
            out.println("<br>");
            out.println("HTTPMethod: "+request.getMethod());
            out.println("<br>");
            out.println("PathInfo: "+request.getPathInfo());
            out.println("<br>");
```

```
            out.println("QueryString: "+request.getQueryString());
            out.println("<br>");
            out.println("RequestURI: "+request.getRequestURI());
            out.println("<br>");
            out.println("ServletPath: "+request.getServletPath());
        %>
        <%
         out.println("<br>Java Servlet API Version: "
            +config.getServletContext().getMajorVersion()
            +"."+config.getServletContext().getMinorVersion()+"<br>");
         out.println("Servlet Engine Version: "
            +config.getServletContext().getServerInfo()+"<br>");
        %>
        <h3>客户端传递参数信息</h3>
        <hr>
        <%--获取并输出客户端传递过来的参数信息-->
         <%
            Enumeration parameterNames=request.getParameterNames();
            out.print("parameter Name: ");
            while(parameterNames.hasMoreElements())
            {
               out.print("["+(String)parameterNames.nextElement()+"] ");
            }
            out.print("<br>被除数: "+request.getParameter("dividend")+"<br>");
            out.print("除数: "+request.getParameter("divisor"));
         %>
      </center>
   </body>
</html>
```

(6) 运行示例 4-2 中的程序(见图 4-2)。

(7) 输入任意两个数字作为被除数和除数，如 100 和 2，单击【计算】按钮，如果输入无误，计算过程成功执行，没有错误和异常，则显示出计算成功结果页面(见图 4-3)。

图 4-2　运行示例 4-2 中的程序

图 4-3　计算成功结果页面

(8) 如果输入有误，如 100 和 0，计算过程出现错误和异常，则显示出异常处理页面(见图 4-4)。

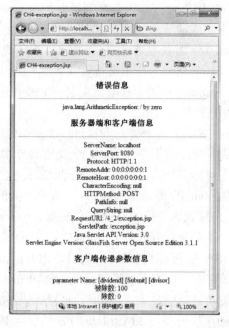

图 4-4　异常处理页面

提示！！！

若要在 IE 浏览器中正常显示出如图 4-4 所示的异常处理页面，一定要设置如下 IE 浏览器：

选择【工具】→【Internet 选项】选项，在弹出的【Internet 属性】对话框中单击【高级】选项卡，取消勾选【显示友好 http 错误信息】复选框(见图 4-5)。

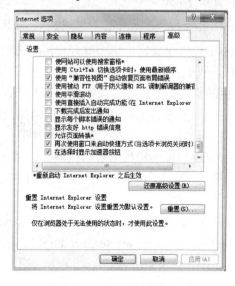

图 4-5　设置 IE 浏览器选项

文件4_2.jsp中主要就是设计了一个基本的除法运算用户界面,其中包含了名称分别为"dividend"、"divisor"、"Submit"的被除数文本输入框、除数文本输入框和【计算】提交按钮。这三个"名称参数"我们将会在错误异常信息页面exception.jsp中捕获它们。

divide.jsp文件主要用于完成除法计算功能,在这个程序代码中,我们首先在try语句块中用 request.getParameter( )分别获取来自于页面 4_2.jsp 的两个参数"dividend"和"divisor"。对request对象而言,最重要的应用就是获取通过URL或表单传来的参数。request对象的getParameter(String name)方法用于获取指定名称的参数值(本示例中是4_2.jsp中的"dividend"和"divisor"两个文本输入框的值)。

然后,在catch语句块中捕获了两个类型为NumberFormatException的错误异常对象,即当文本框中输入的被除数或者除数不是整数时,会抛出该异常对象。

如果一切正常,没有任何错误异常,那么会执行两部分功能。一是除法运算,并使用out.println( )输出运算的结果。out 是 javax.servlet.jsp.JspWriter 类的一个子类,用来向客户端浏览器输出数据。事实上,传送到客户端的HTML代码都是由out对象输出的。另一个是使用pageContext对象实现了计算结果保存的效果。pageContext 是 javax.servlet.jsp.PageContext类,用于获取和设置有关JSP程序运行时的一些属性,也包括 out、application、session、config 等对象属性。在本示例中,我们用 pageContext.setAttribute( )设置了一个名称为"计算结果"的属性,并将其关联到整型对象"result"。设置后该对象就保存在pageContext对象之中,通过 getAttribute( )方法和 findAttribute( )方法就可以获取其属性值,而使用getAttributesScope( )方法则可以获取其作用范围,这里会返回对象"result"的作用范围为"1",表示的就是"page"的作用范围。程序最后又使用removeAttribute( )方法将属性"计算结果"删除,所以再通过getAttribute( )方法获取它,会发现已经不存在名为"计算结果"的属性了。

提示!!!
在可能出现错误异常的页面中,一定要使用<%@page errorPage="exception.jsp"%>声明将使用的异常处理页面,这样才能生效,如本示例中的divide.jsp文件。

如果在页面divide.jsp中出现错误异常,那么就会直接跳转到exception.jsp页面,去执行exception.jsp文件中的内容。我们在exception.jsp文件中主要获取并显示了三方面的信息,即由exception异常对象产生的错误提示信息、服务器端和客户端信息及客户端传送过来的参数信息。在这部分程序中,使用了exception对象、config对象及request对象的不同方法。

exception 是 java.lang.Throwable 类,用来处理JSP文件运行时所产生的错误和异常。首先,我们利用exception.toString( )以字符串形式返回该异常对象的简短描述。如图4-4所示,当输入除数为0时,会出现"java.lang.ArithmeticException:/by zero"这样的错误提示,即除数不能为0。

接着,分别使用 request 对象的 getServerName( )、getServerPort( )、getProtocol( )、getRemoteAddr( )、getRemoteHost( )、getCharacterEncoding( )、getMethod( )、getPathInfo( )、getQueryString( )、getRequestURI( )、getServletPath( )等方法返回服务器端及客户端的各项信息。

此外，在这部分，我们还使用 config 这个对象，它是一个实现 javax.servlet.ServletConfig 接口的类，用来获取 Servlet 初始化信息和有关 Server 信息的 ServletContext 对象。通过 config.getServletContext( )返回一个 ServletContext 对象，实际上就是 application 对象，所以使用 getMajorVersion( )、getMinorVersion( )和 getServerInfo( )将分别获取 Java Servlet API 版本和 GlassFish Server 3.1.1 服务器信息。

在最后一部分，我们用 request 对象的 getParameterNames( )方法来获得客户端传来的所有的参数名称，可以看到一共获得了三个参数的名称："dividend"、"Submit" 和 "divisor"。并用 getParameter( )取得了两个指定参数 "dividend" 和 "divisor" 的值。

提示！！！

在处理异常页面中，一定要使用<%@page isErrorPage="true"%>设定它为错误处理页，如本示例中的 exception.jsp 文件。

4.3 实 验 安 排

在顺利完成 4.1 节相关理论知识学习的基础上，按照教学任务的安排，独立完成如下两项实验内容：
(1) 实现网站计数器功能(具体实验步骤可参照 4.2.1 节)；
(2) 实现错误异常的捕获和处理(具体实验步骤可参照 4.2.2 节)。

4.4 相关知识总结与拓展

4.4.1 知识网络拓展

1) session 和 application

服务器启动后就产生了 application 对象，当用户在所访问的网站的各个页面之间浏览时，这个 application 对象都是同一个，直到服务器关闭。与 session 不同的是，所有用户的 application 对象都是同一个，即所有用户共享这个内置的 application 对象。

session 在第一个 JSP 页面被装载时自动创建，完成会话期管理。从一个用户打开浏览器并连接到服务器开始，到用户关闭浏览器离开这个服务器结束，被称为一个 session 会话。当一个用户访问一个服务器时，可能会在这个服务器的几个页面之间反复连接，反复刷新一个页面，服务器就可以通过 session 对象来判别是否是同一个用户。

当用户首次访问服务器上的一个 JSP 页面时，JSP 引擎产生一个 session 对象，同时分配一个 String 类型的 ID 号，并将这个 ID 号发送给客户端，存放在 Cookie 中，这样 session 对象和用户之间就建立了一一对应的关系。当用户再连接访问该服务器的其他页面时，不再分配给用户新的 session 对象，直到客户关闭浏览器后，服务器端该用户的 session 对象才取消，并且和用户的会话对应关系消失。当用户重新打开浏览器再连接到该服务器时，服务器为该用户再创建一个新的 session 对象。

2) Cookie

Cookie 是 Web 服务器保存在用户硬盘上的一段文本。Cookie 允许一个 Web 站点在用户的计算机上保存信息并且随后再取回它。

例如，一个 Web 站点可能会为每一个访问者产生一个唯一的 ID，然后以 Cookie 文件的形式保存在每个用户的机器上，通常它是以"关键字 key=值 value"的格式来保存记录的。

Cookie 最常存放的地方是 C:\WINDOWS\Cookies(在 Windows 7 中则是 C:\Documents and Settings\yourUserName\Cookies)。

3) synchronized 关键字

Java 的 synchronized 关键字能够作为函数的修饰符，也可作为函数内的语句，也就是既可以同步方法，也可以同步语句块。

synchronized 用作函数修饰符，示例代码如下：

```
public synchronized void method(){   //……   }
```

或

```
public void method(){    synchronized (this)    {           }   }
```

这就是同步方法，这时，synchronized 锁定的是调用这个同步方法的对象。也就是说，当一个对象 P1 在不同的线程中执行这个同步方法时，它们之间会形成互斥，达到同步的效果。但是这个对象所属的 Class 所产生的另一对象 P2 却能够任意调用这个被加了 synchronized 关键字的方法。

第二种书写格式中的 this 指的就是调用这个方法的对象，如 P1。可见同步方法实质是将 synchronized 作用于 object reference——那个拿到了 P1 对象锁的线程，才能够调用 P1 的同步方法，而对 P2 而言，P1 这个锁和它毫不相关。

4) JSP 程序错误及异常捕获

JSP 程序通常会出现两种错误，即 JSP 语法错误和 JSP 程序运行时错误。

JSP 语法错误一般出现在程序的编译阶段。编译开始时首先就要检查程序代码是否含有语法错误，如果没有，则编译顺利通过，否则就会出现编译错误。这种情况是无法自动处理的，只能显示错误信息通知用户手工更正。

JSP 程序运行时错误是指程序在运行过程中可能出现的异常情况，需要通过 JSP 中的异常处理机制实现错误异常的捕获处理。JSP 提供了两种异常处理方法：一种是采用 Java 中的异常处理机制，在可能发生错误的程序块外用 try 语句包起来，接着用 catch 语句捕捉异常对象并根据其类型进行相应的处理；另一种异常处理方法如下。

(1) 在可能出现异常的页面中使用<%@page%>指令声明将使用的异常处理页面，如下：

```
<%@page errorPage="exception.jsp"%>
```

(2) 接着，在处理异常页面中再使用<%@page%>指令设定它为错误处理页，如下：

```
<%@page isErrorPage="true"%>
```

这样，当 JSP 程序在运行中发生异常时，JSP 引擎会自动导向指定的异常处理页(这里是 exception.jsp)。

5) page、request、session、application 的作用范围

(1) page：用户请求的当前页面。

(2) request：用户请求访问的当前组件，以及和当前 Web 组件共享同一用户请求的 Web 组件，如被请求的 JSP 页面和该页面用<include>指令包含的页面及<forward>标记包含的其他 JSP 页面。

(3) session：同一个 HTTP 会话中的 Web 组件共享它。

(4) application：整个 Web 应用的所用 Web 组件共享它。

4.4.2 其他知识补充

(1) 计算机中的异常——百度百科(http://baike.baidu.com/view/209658.htm)。

(2) 程序设计中的同步——互动百科(http://www.hudong.com/wiki/%E5%90%8C%E6%AD%A5)。

(3) 来自于 W3C 的 HTML 4.01 Specification(http://www.w3.org/TR/html401/cover.html#minitoc)。

(4) 关于 Forms 的全面介绍(http://www.w3.org/TR/html401/interact/forms.html)。

习　题

1. 简答题

(1) 为什么有时在 JSP 文件中不能使用 session 对象？
(2) 为什么有时在 JSP 文件中不能使用 exception 对象？
(3) page 对象和 pageContext 对象之间的区别和联系是什么？
(4) 在 out 对象中引入缓冲区机制的作用是什么？

2. 填空题

(1) 如果在 JSP 页面中调用 exception 对象输出错误信息，需要将页面指令的_____属性设置为 true。

(2) 在 JSP 内置对象中，_____对象从客户端向服务器端发出请求，包括用户提交的信息及客户端的一些信息，此对象的_____方法可以获取客户端表单中某输入框提交的信息。

(3) 在 JSP 内置对象中，_____对象提供了设置 HTTP 响应报头的方法。

(4) JSP 内置对象的有效范围由小到大为_____、_____、_____和_____。

(5) 如果要获取请求客户端的 IP 地址，应使用_____对象。

(6) 在一个应用程序中不同的页面共享数据时，最好的 JSP 内置对象为_____和_____。

3. 选择题

(1) JSP 引擎提供一些不需要事先声明和实例化就可以使用的对象，包含了许多与特定用户请求、页面或者应用程序相关的信息，这些对象被称为_____。

　　A．通用对象　　　　　　　　　　B．内置对象
　　C．外置对象　　　　　　　　　　D．专用对象

(2) 下面关于 out 对象说法错误的是_____。
   A. out 对象用于输出数据
   B. out 对象的范围是 application
   C. 如果 page 指令选择了 autoflush="true"，那么当出现由于当前的操作不清空缓存而造成缓冲区溢出的情况时，这个类的所有 I/O 操作会自动清空缓冲区的内容
   D. out.newLine( )方法用来输出一个换行符
(3) 下列关于 application 对象说法错误的是_____。
   A. application 对象用于在多个程序中保存信息
   B. application 对象用来在所有用户间共享信息，但不可以在 Web 应用程序运行期间持久地保持数据
   C. getAttribute(String name)方法返回由 name 指定的名字 application 对象的属性的值
   D. getAttributeNames( )方法返回所有 application 对象的属性的名称
(4) session 对象经常被用来_____。
   A. 在页面上输出数据   B. 抛出运行时的异常
   C. 在多个程序中保存信息   D. 在多页面请求中保持状态和用户认证
(5) 在 JSP 文件中加载动态页面可以用指令_____。
   A. <%@ include file="fileName" %>
   B. page
   C. <jsp:forward>
   D. taglib
(6) 以下对 JSP 的隐含对象解释正确的是_____。
   A. 没有实例化的类，可以直接使用类名当作对象使用
   B. 是 Sun 公司的开发人员自己起的名称，我们自己也可以定义隐含对象
   C. 隐含对象是没有类型的
   D. 是 JSP 根据 Servlet API 而提供的，可以使用标准的变量来访问这些对象
(7) 如果当前 JSP 页面出现异常时需要转到一个异常页，需要设置 page 指令的_____属性。
   A. exception   B. isErrorPage
   C. error   D. errorPage
(8) sesson 对象的_____方法用于判断是否为开始新会话。
   A. begin( )   B. isNewSessionID( )
   C. invalidate( )   D. isNew( )
(9) 设在表单中有一组复选框标记，代码如下：

```
<form action="result.jsp">
    请选择喜欢的城市：
    <input type="checkbox" name="city" value="大连">大连 <br>
    <input type="checkbox" name="city" value="北京">北京 <br>
    <input type="checkbox" name="city" value="杭州">杭州 <br>
```

```
    <input type="checkbox" name="city" value="上海">上海 <br>
</form>
```

如果在 result.jsp 中取 city 的值，适合的方法为_____。

    A．String city= request.getParameter("city");

    B．String [ ]cities=request.getParameter("city");

    C．String [ ]cities=request.getParameterValues("city");

    D．String city=request.getAttribute("city");

4．程序设计

设计一个 JSP 页面，页面中包含两个输入文本框，分别为 num1 和 num2，要求：

(1) 完成对用户在两个文本框 num1 和 num2 中输入的内容的运算。

(2) 运算符在+、-、*、/ 四种运算符中随机产生。

(3) 对可能出现的程序错误异常进行捕获处理。

(4) 输出运算结果。

5．综合案例 3

在综合案例 2 的基础上，实现我的网上商城【购物车】功能。

(1) 首页商品添加【添加至购物车】链接。

(2) 用户单击【添加至购物车】链接时将该商品保存至【我的购物车】。如用户未登录，需先提醒用户登录系统。

(3) 添加【我的购物车】管理页面至 head.jsp，可对购物车中的商品进行增加、删除、修改、查询操作。

备注：

【我的购物车】功能可以用 session 会话来实现，将商品信息保存至 session 里面，并对其进行增加、删除、修改、查询操作。用户是否登录，以及登录信息同样可用 session 来保存和判断。

第 5 章

JSP 结合 JavaScript

教学目标

(1) 了解 JavaScript 的基本语法及用途;
(2) 熟悉 JavaScript 提供的各种对象、方法及其结合 JSP 的方式;
(3) 掌握运用 JavaScript 自身特点实现不同功能的 JSP 应用程序。

教学任务

(1) 学习客户端脚本语言 JavaScript;
(2) 完成 JSP 程序中 JavaScript 信息验证及服务器与客户端信息交互等各项功能的实现。

5.1 相关理论知识

5.1.1 客户端编程原理及使用

在 B/S 编程模型中，在客户端运行的程序是浏览器(Browser)。我们上网所看到的网页，从编程角度看就是一个 HTML(HyperText Markup Language，超文本标记语言)文档。HTML 文档是服务器端的一个资源或者是在服务器端生成的，服务器将 HTML 文档作为 HTTP 响应发送给客户端，浏览器接收这个文档并显示。从功能看，HTML 所表示的页面对用户来讲是一个视图，即用户会看到有用的数据，如用户管理中的用户列表、购物网站上的商品列表等，同时该页面也是用户与系统交互的场所。

Web 最初的"B/S 模式"设计是为了能够提供交互性的内容，但是其交互性完全由服务器提供。服务器产生静态页面，提供给只能解释并显示它们的客户端浏览器。基本的 HTML 包含有简单的数据收集机制：文本输入框、复选框、列表及按钮，它们只能通过编程来实现复位表单上的数据或提交表单上的数据给服务器。这种提交动作通过所有的 Web 服务器都提供的通用网关接口 CGI(Common Gateway Interface)传递，提交内容会告诉 CGI 应该如何处理它。

实际上几乎可以通过 CGI 做任何事。然而，构建于 CGI 程序之上的网站可能会迅速变得过于复杂而难以维护，并同时产生响应时间过长的问题。CGI 程序的响应时间依赖于所必须发送的数据量的大小，以及服务器和 Internet 的负载。Web 的最初设计者们并没有预见到网络带宽被人们开发的各种应用迅速耗尽。

例如，当浏览者单击【提交】按钮时，表明浏览者已经填写完了这个表单，在一般情况下，服务器都需要对客户端提交的数据进行验证，判别其中的数据格式是否正确、填写是否完整、数字是否越界等。这些操作往往要先将数据发送回服务器，服务器启动一个 CGI 程序来检查，等到服务器发现错误后，再将错误信息返回，而浏览者在这个期间已经等待了很长时间，最后可能还要重新填写表单。

再如，对于任何形式的动态图形处理几乎都不可能连贯地执行，因为图形交互格式 (Graphic Interchange Format，GIF)的文件必须在服务器端创建每个图形版本，并发送给客户端。

为了避免出现这种情况，提高交互的效率，解决问题的一种方案就是客户端编程。大多数运行 Web 浏览器的机器都是能够执行一定任务的强有力的引擎。在使用原始的静态 HTML 方式的情况下，它们处于空闲状态，等着服务器送来下一个页面。客户端编程意味着 Web 浏览器能用来执行任何它可以完成的工作，使得返回给用户的结果更加迅捷，而且使得 Web 应用更具交互性。例如，上述表单验证问题就只需要在客户端就对表单进行验证，确保客户端提交的数据完全符合要求即可，不需要再把数据传送给服务器处理。

随着客户端计算机的发展，客户端计算机的功能也越来越强大，越来越多的操作可以在客户端计算机上完成。因此，客户端脚本应运而生。客户端脚本只需要在客户端计算机上执行，可以减少服务器的负担及通过网络交互的时间。在 Web 浏览器内部使用的脚本语言总是被用来解决特定类型的问题，主要是用来创建更丰富、更具有交互性的图形化用户界面(Graphic User Interface，GUI)。但实际上，脚本语言可以解决客户端编程中所遇到的大部分问题,再加上脚本语言提供了更容易、更快捷的开发方式,因此,在考虑 JSP 解决方案时,也需要结合考虑脚本语言。JavaScript 就是一种常用的客户端脚本语言。

5.1.2 JavaScript 基础编程技术

1. JavaScript 代码结构

与其他编程语言一样,JavaScript 代码被组织成为语句,由相关的语句集组成的块及注释。在一条语句内可以使用变量和表达式等。

1) 语句

JavaScript 代码是语句的集合。JavaScript 语句将表达式组合起来,完成一项任务。一条语句由一个或多个表达式、关键字或者运算符组成,语句之间用分号(;)隔开。例如:

```
aBird = "Robin";   //将文本"Robin"赋值给变量 aBird
```

JavaScript 用大括号({})括起来的一组 JavaScript 语句称为一个语句块。分组到一个语句块中的语句通常可当作单条语句处理。通常,在函数和条件语句中使用语句块。例如:

```
function convert(inches) {
    feet = inches / 12;   //  这五条语句属于一个语句块
    miles = feet / 5280;
    nauticalMiles = feet / 6080;
    cm = inches * 2.54;
    meters = inches / 39.37;
}
```

提示!!!
语句块中的原始语句以分号结束,但语句块本身并不以分号结束。

2) 注释

单行的 JavaScript 注释以一对正斜杠(//)开始。多行注释以一个正斜杠加一个星号的组合(/*)开始,并以其逆向顺序 (*/)结束。

提示!!!
如果试图将一个多行注释插入到另一个中,JavaScript 不能按正常的方式解释生成的多行注释。标明嵌入的多行注释结束的 "*/" 被认为是整个多行注释的结尾。这就意味着嵌入多行注释之后的文本不再被认为是注释,它将被解释为 JavaScript 代码,并会产生语法错误。

3) 赋值和相等

JavaScript 语句中等号(=)是赋值运算符。"="运算符左边的操作项可以是变量、数组或对象属性。"="运算符右边的操作项可以是任何类型的一个任意值,包括表达式的值。例如:

```
anInteger = 3;   //将 3 赋给变量 anInteger
```

提示!!!
"="运算符是赋值的含义,而"=="运算符是相等的含义,两者不同。

4) 表达式

JavaScript 表达式是指 JavaScript 解释器能够计算生成值的 JavaScript "短语"。这个值可以是任何有效的 JavaScript 类型。例如：

```
3.9                        // 数字
"Hello!"                   // 字符串
false                      // 布尔
[1,2,3]                    // 数组
function(x){return x*x;}   // 函数
```

更复杂的表达式中可以包含变量、函数、函数调用及其他表达式。可以用运算符将表达式组合，创建复合表达式，运算符如下：

```
+    // 加法
-    // 减法
*    // 乘法
/    // 除法
```

2. 数据类型

JavaScript 有三种基础数据类型、两种引用数据类型和两种特殊数据类型(见表 5-1)。

表 5-1　JavaScript 数据类型划分

类　　别	数据类型名称
基础数据类型	字符串、数值、布尔
引用数据类型	对象、数组
特殊数据类型	null、undefined

1) 字符串数据类型

字符串数据类型用来表示 JavaScript 中的文本。脚本中可以包含字符串文字，这些字符串文字放在一对匹配的单引号或双引号中。字符串中可以包含双引号，该双引号两边需加单引号，也可以包含单引号，该单引号两边需加双引号。例如：

```
"Happy am I; from care I'm free!"
'"Avast, ye lubbers!" roared the technician.'
```

提示！！！

JavaScript 中没有表示单个字符的类型(如 Java 中的 char)，要表示 JavaScript 中的单个字符，应创建一个只包含一个字符的字符串。包含零个字符("")的字符串是空(零长度)字符串。

2) 数值数据类型

在 JavaScript 中整数和浮点值没有差别，JavaScript 数值可以是其中任意一种(JavaScript 内部将所有的数值表示为浮点值)。

3) 整型值

整型值可以是正整数，负整数和 0，可以用十进制、八进制和十六进制来表示。在

JavaScript 中大多数数字是用十进制表示的。加前缀"0"表示八进制的整型值,只能包含 0 到 7 的数字。前缀为"0",同时包含数字"8"或"9"的数被解释为十进制数。

加前缀"0x"(零和 x/X)表示十六进制整型值,可以包含数字 0~9,以及字母 A~F(大写或小写)。使用字母 A~F 表示十进制 10~15 的单个数字,即 0xF 与 15 相等,同时 0x10 等于 16。

提示!!!

八进制数和十六进制数可以为负,但不能有小数位,同时不能以科学计数法(指数)表示。

4) 浮点值

浮点值为带小数部分的数,也可以用科学计数法来表示,用大写或小写字母"e"来表示 10 的指数。

5) 特殊值数字

特殊值数字如表 5-2 所示。

表 5-2 特殊值数字

类　　别	数据类型名称
NaN (不是数)	当对不适当的数据进行数学运算时使用,如字符串或未定义值
正无穷大	如果一个正数太大,使用它来表示
负无穷大	如果一个负数太大,使用它来表示
正 0 和负 0	JavaScript 区分正 0 和负 0

6) boolean 数据类型

boolean 数据类型只有 true 和 false 两个值。boolean 值是一个真值,它表示一个状态的有效性(说明该状态为真或假)。

7) null 数据类型

在 JavaScript 中数据类型 null 只有一个值:null。关键字 null 不能用作函数或变量的名称。包含 null 的变量包含"无值"或"无对象",即该变量没有保存有效的数、字符串、boolean、数组或对象。可以通过给一个变量赋 null 值来清除变量的内容。

提示!!!

在 JavaScript 中,null 与 0 不相等。JavaScript 中 typeof 运算符将报告 null 值为 Object 类型,而非 null 类型。

8) undefined 数据类型

当对象属性不存在或声明了变量但从未赋值时,会返回 undefined 值。虽然可以检查某个变量的类型是否为"undefined",但不能通过与 undefined 做比较来测试一个变量是否存在。例如:

```
if (x == undefined)              // 这种方法不起作用
    // 执行某些操作
if (typeof(x) == undefined)      // 这种方法同样不起作用
```

```
    // 执行某些操作
if (typeof(x) == "undefined") // 这种方法有效
    // 执行某些操作
```

3. 变量

1) 变量声明

使用变量之前应先进行声明，可以使用 var 关键字来进行变量声明。例如：

```
var count;                          // 单个声明
var count, amount, level;           // 用单个 var 关键字声明的多个声明
var count = 0, amount = 100;        // 一条语句中的变量声明和初始化
```

如果在 var 语句中没有初始化变量，变量自动取 JavaScript 值 undefined。尽管并不安全，但声明语句中忽略 var 关键字是合法的 JavaScript 语法。这时，JavaScript 解释器给予变量全局范围的可见度。当在过程中声明一个变量时，它不能用于全局范围，这种情况下，变量声明必须用 var 关键字。

2) 变量命名

变量名称是一个标识符。JavaScript 中，用标识符来命名变量、函数和给出循环的标签。

JavaScript 是一种区分大小写的语言。因此，变量名称也是区分大小写的。变量的名称可以是任意长度。创建合法的 JavaScript 变量名称应遵循如下规则：

- 第一个字符必须是一个 ASCII 字母(大小写均可)，或一个下划线(_)。注意第一个字符不能是数字。
- 后续的字符必须是字母、数字或下划线。
- 变量名称一定不能是保留字。

当要声明一个变量并进行初始化，但又不想指定任何特殊值时，可以赋值为 JavaScript 值 null。例如：

```
var bestAge = null;
var muchTooOld = 3 * bestAge; // muchTooOld 的值为 0
```

如果声明了一个变量但没有对其赋值，该变量存在，其值为 JavaScript 值 undefined。例：

```
var currentCount;
var finalCount = 1 * currentCount; // finalCount 的值为 NaN
```

提示！！！

(1) 在 JavaScript 中，null 和 undefined 的主要区别是 null 的操作像数字 0，而 undefined 的操作像特殊值 NaN(不是一个数字)。对 null 值和 undefined 值做比较总是相等的。

(2) 可以不用 var 关键字声明变量并赋值，这就是隐式声明。

(3) 不能使用未经过声明的变量。

4. 运算符

JavaScript 具有全范围的运算符，包括算术、逻辑、位、赋值及其他某些运算符(见表 5-3)。

表 5-3　JavaScript 运算符

算术		逻辑		位运算		赋值		其他	
描述	符号	描述	符号	描述	符号	描述	符号	描述	符号
负值	-	逻辑非	!	按位取反	~	赋值	=	删除	delete
递增	++	小于	<	按位左移	<<	运算赋值	op=	typeof 运算符	typeof
递减	--	大于	>	按位右移	>>			void	void
乘法	*	小于或等于	<=	无符号右移	>>>			instanceof	instanceof
除法	/	大于或等于	>=	按位与	&			new	new
取模运算	%	等于	==	按位异或	^			in	in
加法	+	不等于	!=	按位或	|				
减法	-	逻辑与	&&						
		逻辑或	||						
		条件运算符	?:						
		逗号	,						
		严格相等	===						
		非严格相等	!==						

5. 流控制

JavaScript 脚本中的语句一般是按照写的顺序来运行的，这种运行称为顺序运行，是程序流的默认方向。

与顺序运行不同，另一种运行将程序流转换到脚本的其他部分，也就是不按顺序运行下一条语句，而是运行其他的语句。要使脚本可用，该控制的转换必须以逻辑方式执行。JavaScript 主要有两种程序结构实现本功能。

第一种是选择结构，用来指明两种程序流方向，在程序中创建一个交叉点。在 JavaScript 中有四种选择结构可用：

- ➢ 单一选择结构(if)。
- ➢ 二路选择结构(if-else)。
- ➢ 内联三元运算符(? :)。
- ➢ 多路选择结构(switch)。

第二种是循环结构，用来指明当某些条件保持为真时要重复的动作。当控制语句的条件得到满足时，控制跳过循环结构传递到下条语句。在 JavaScript 中有四种循环结构可用：

- ➢ 在循环的开头测试表达式(while)。
- ➢ 在循环的末尾测试表达式(do-while)。
- ➢ 对对象的每个属性都进行操作(for-in)。

➢ 由计数器控制的循环(for)。

通过嵌套和堆栈选择、循环控制结构，可以创建更为复杂的脚本流控制。

6. 函数

JavaScript 函数执行操作时也可以返回值，某些时候是计算或比较的结果。传递给函数的信息称为参数，某些函数根本不带任何参数，而其他函数带一个或者多个参数。在某些函数中，参数的个数取决于如何使用该函数。

JavaScript 支持两类函数：一类是语言内置的函数；另一类是自定义的函数。

JavaScript 语言包含很多内置函数。某些函数可以操作表达式和特殊字符，而其他函数将字符串转换为数值。一个有用的内置函数是 eval( )。该函数可以对以字符串形式表示的任意有效的 JavaScript 代码求值。eval( )函数有一个参数，该参数就是所要求值的代码。代码如下：

```
var anExpression = "6 * 9 % 7";
var total = eval(anExpression);              // 将变量 total 赋值为 5
var yetAnotherExpression = "6 * (9 % 7)";
total = eval(yetAnotherExpression)           // 将变量 total 赋值为 12
var totality = eval("'...surrounded by acres of clams.'"); // 将一个字符串赋给 totality
```

有关 JavaScript 语言更多内置函数的详细信息可参考相关语言教材。

在必要的时候，可以自定义函数。一个函数的定义中包含了一条函数语句和一个 JavaScript 语句块。

7. 对象

JavaScript 对象是属性和方法的集合。一个方法就是一个函数，是对象的成员。属性是一个值或一组值(以数组或对象的形式)，也是对象的成员。JavaScript 支持四种类型的对象：内置对象(见表 5-4)、自定义对象、宿主给出的对象(如 IE 浏览器中的 window 和 document)及 ActiveX 对象(外部组件)。

表 5-4 JavaScript 内置对象

内置对象	描 述
ActiveXObject	启用并返回一个 Automation 对象的引用
Array	提供对创建任何数据类型的数组的支持
Boolean	创建一个新的 Boolean 值
Date	提供日期和时间的基本存储和检索
Dictionary	存储数据键、项对的对象
Enumerator	提供集合中的项的枚举
Error	包含在运行 JavaScript 代码时发生的错误的有关信息
FileSystemObject	提供对计算机文件系统的访问
Function	创建一个新的函数
Global	是一个内部对象，目的是将全局方法集中在一个对象中

续表

内置对象	描述
Math	一个内部对象,提供基本的数学函数和常数
Number	表示数值数据类型和提供数值常数的对象
Object	提供所有的 JavaScript 对象的公共功能
RegExp	存储有关正则表达式模式查找的信息
正则表达式	包含一个正则表达式模式
String	提供对文本字符串的操作和格式处理,判定在字符串中是否存在某个子字符串及确定其位置
VBArray	提供对 Visual Basic 安全数组的访问

8. 保留关键字

JavaScript 中有一些保留关键字(见表 5-5)不能在标识符中使用。保留关键字对 JavaScript 语言有特殊的含义,它们是语言语法的一部分。使用保留字在加载脚本的时候将产生编译错误。

表 5-5 JavaScript 保留关键字

break	delete	function	return	typeof
case	do	if	switch	var
catch	else	in	this	void
continue	false	instanceof	throw	while
debugger	finally	new	true	with
default	for	null	try	

5.2 相关实践知识

5.2.1 客户端信息验证

JavaScript 是一种客户端脚本语言,在客户端的一种很重要的用途就是检查提交给服务器的数据的合法性,避免非法数据的提交,节约服务器的资源。本示例演示了一个利用外部接入 JavaScript 文件实现客户端信息验证的功能。通常,JavaScript 代码置入 JSP 程序中可以有多种方式,本示例采用了其中一种 JavaScript 文件和 JSP 程序文件相分离的方式,这样的处理有利于 JavaScript 文件中的函数被其他程序文件重用。该示例具体步骤参照如下。

(1) 新建一个项目名称为 5_1 的 Dynamic Web Project 应用程序。

(2) 新建一个名称为"js"的文件夹和两个名称分别为 5_1.jsp、common.js 的文件,并将文件 common.js 放置于文件夹"js"下(见图 5-1)。

第5章 JSP结合JavaScript

图5-1 项目5_1的组织结构

(3) 打开文件5_1.jsp,输入如示例5-1所示代码并保存。

示例5-1 客户端信息验证。

5_1.jsp

```
<%@page contentType="text/html" pageEncoding="UTF-8"%>
<!DOCTYPE HTML PUBLIC "-//W3C//DTD HTML 4.01 Transitional//EN"
                "http://www.w3.org/TR/html4/loose.dtd">
<html>
    <head>
    <title>CH5-5_1.jsp</title>
    <SCRIPT LANGUAGE="JavaScript" src="js/common.js">
    </SCRIPT>
    </head>
    <body bgcolor="#FFFFFF">
        <CENTER>
            <FORM enctype="text/plain" name="addform" method='get'
            action="mailto:liuhaixue996@sohu.com?subject=test" onSubmit=
"return submitForms()">
                <TABLE border=3 width=430 cellpadding=10>
                  <TD align="center">
                  <strong>
                <font face="arial" size=+2>客户端信息脚本验证!</font>
                </strong>
                </TD>
                </TABLE>
                <br>
                <TABLE border=3 cellspacing=0 cellpadding=2 bgcolor="#C0C0C0">
                    <tr valign=baseline>
                        <TD>
                        <font face="arial">邮箱: </font></TD>
                        <TD>
                        <input type=text name="Email Address" size=35,1 maxlength=80>
                        </TD>
```

```
                </tr>
                <tr>
                    <TD>
                    <font face="arial">姓名：</font>
                    </TD>
                    <TD>
                    <input type=text name="Name" size=35,1 maxlength=80>
                    </TD>
                </tr>
                <tr>
                    <TD>
                    <font face="arial">家庭地址：</font></TD>
                    <TD>
                    <input type=text name="Address" size=35,1 maxlength=80>
                    </TD>
                </tr>
                <tr>
                    <TD>
                    <font face="arial">城市：</font></TD>
                    <TD>
                    <input type=text name="City" size=35,1 maxlength=80>
                    </TD>
                </tr>
                <tr>
                    <TD>
                    <font face="arial">国家：</font></TD>
                    <TD>
                    <input type=text name="State" size=35,1 maxlength=80>
                    </TD>
                </tr>
                <tr>
                    <TD>
                    <font face="arial">邮编：</font>
                    </TD>
                    <TD>
                    <input type=text name="Zip" size=35,1 maxlength=80>
                    </TD>
                </tr>
            </TABLE>
            <br>
            <input type="submit" value="提交"> 
                <input name="button" type="button" onClick="window.location='5_1.jsp'" value="返回">  
            <input name="reset" type="reset" onClick=resetform() value="重置">
        </FORM>
    </CENTER>
```

```
        </body>
    </html>
```

(4) 打开文件 common.js，输入如下所示代码并保存。

common.js

```
    //重置表单
        function resetform() {
            document.forms[0].elements[1]=="";
        }
    //提交表单
        function submitForms() {
            if (isEmail() && isName() && isAddress() && isCity() && isState() && isZip())
            if (confirm("\n 您确定要提交表单完成信息提交么？ \n\n 点\"确定\"提交，点\"取消\"放弃."))
            {
                alert("\n 您的提交请求将要被发送. \n\n");
                return true;
            }
            else
            {
                alert("\n 您已经放弃提交表单.");
                return false
            }
            else
                return false;
        }
    //邮箱地址为空和邮箱地址格式检验
        function isEmail() {
            if (document.forms[0].elements[0].value == ") {
                alert ("\n 邮箱不能为空. \n\n 请输入邮箱地址.")
                document.forms[0].elements[0].focus();
                return false;
            }
            var reg = /^([a-zA-Z0-9]+[_|\_|\.]?)*[a-zA-Z0-9]+@([a-zA-Z0-9]+[_|\_|\.]?)*[a-zA-Z0-9]+\.[a-zA-Z]{2,3}$/;
            if(!reg.test(document.forms[0].elements[0].value)){
                alert ("\n 邮箱地址格式有误. \n\n 请重新输入邮箱地址.")
                document.forms[0].elements[0].select();
                document.forms[0].elements[0].focus();
                return false;
            }
            return true;
        }
    //姓名为空检验
        function isName() {
            if (document.forms[0].elements[1].value == "")
```

```
        {
            alert ("\n 姓名不能为空．\n\n 请重新输入姓名．")
            document.forms[0].elements[1].focus();
            return false;
        }
        return true;
    }
    //家庭地址为空检验
    function isAddress() {
        if (document.forms[0].elements[2].value == "") {
            alert ("\n 家庭地址不能为空．\n\n 请重新输入家庭地址．")
            document.forms[0].elements[2].focus();
            return false;
        }
        return true;
    }
    //城市为空检验
    function isCity()
    {
        if (document.forms[0].elements[3].value == "")
        {
            alert ("\n 城市不能为空．\n\n 请重新输入城市．")
            document.forms[0].elements[3].focus();
            return false;
        }
        return true;
    }
    //国家为空检验
    function isState() {
        if (document.forms[0].elements[4].value == "") {
            alert ("\n 国家不能为空.\n\n 请重新输入国家．")
            document.forms[0].elements[4].focus();
            return false;
        }
        return true;
    }
    //邮编为空和邮编数字格式、长度检验
    function isZip() {
        if (document.forms[0].elements[5].value == "") {
            alert ("\n 邮编不能为空．\n\n 请重新输入邮编．")
            document.forms[0].elements[5].focus();
            return false;
        }
        var mem_value = document.forms[0].elements[5].value;
```

```
        for(var i=0; i<mem_value.length; i++)
        {
            if(mem_value.charAt(i)<'0' || mem_value.charAt(i)>'9')
            {
                alert ("\n 邮编只能是数字. \n\n 请重新输入邮编.")
                document.forms[0].elements[5].select();
                document.forms[0].elements[5].focus();
                return false;
            }
        }
        if(mem_value.length != 6)
        {
            alert ("\n 邮编的长度只能是 6. \n\n 请重新输入邮编.")
            document.forms[0].elements[5].select();
            document.forms[0].elements[5].focus();
            return false;
        }
        return true;
    }
```

提示!!!

js 文件中的中文注释仅用于解释本文件内容中的代码功能，在实际代码应用过程中，应尽量采用英文注释，避免使用中文注释，以免产生乱码现象。

(5) 运行示例 5-1 中的程序(见图 5-2)。

(6) 输入电子邮箱地址，如果地址输入不符合规范，会弹出提示信息(见图 5-3)。

图 5-2 运行示例 5-2 中的程序

图 5-3 邮箱地址格式错误提示

(7) 依次输入姓名、家庭地址、城市和国家，如果任一内容为空，会弹出不允许为空提示(见图 5-4)。

(8) 输入邮编，如果输入的不是数字，会弹出不允许非数字输入的提示(见图 5-5)。

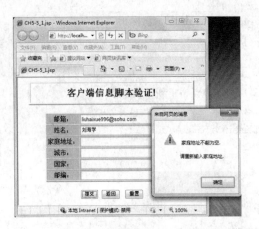

图 5-4　内容不允许为空提示　　　　　图 5-5　邮编不允许非数字输入提示

(9) 如果输入的邮编数字不是 6 位，也会弹出相应的错误提示(见图 5-6)。

(10) 如果上述内容全部输入正确，单击【提交】按钮，会弹出确认提交对话框(见图 5-7)。

图 5-6　邮编长度设置提示　　　　　　图 5-7　确认提交对话框

(11) 如果单击【确定】按钮，确认提交表单，则自动启动本地计算机的邮箱客户端程序(如 Outlook 或者 Foxmail 等)，打开一个发送新邮件的窗口，新窗口会自动在收件者(TO:)文本框预先输入收件人地址及其他设置信息。

客户端用户填写完表单，在提交后，服务器一般都需要对客户端提交的数据进行验证，判别传送过来的数据格式是否正确、填写是否完整、数字是否越界等。这些服务器端验证操作往往要等到数据到达服务器后才能进行，等到发现某些数据内容不正确后，再将错误信息返回给用户，这样无形之中增加了客户端用户等待的时间，也造成了服务器资源的浪费。

为了避免出现这种情况，提高交互的效率，我们通过 JavaScript 在客户端完成对表单数据的验证，以确保客户端提交的数据符合要求。

在文件 5_1.jsp 中，表单 form 有一个属性 onSubmit="return submitForms( )"，它表示当发生 onSubmit 事件时触发的操作为 return submitForms( )。事件 onSubmit 在表单被提交时

就会被触发,然后在 JavaScript 程序中定义的函数 submitForms( )就会被执行。函数 submitForms( )的作用就是对表单 addform 中的几个文本框控件的值进行验证。它同其他的验证函数的声明定义都位于外部 JavaScript 文件 common.js 中。

通过 Script 元素的属性 src="js/common.js"可以将外部 JavaScript 文件 common.js 导入,以便在文件 5_1.jsp 中调用其中的函数功能。

在文件 common.js 中,我们依次定义了函数 isEmail( )、isName( )、isAddress( )、isCity( )、isState( )和 isZip( ),以实现对邮件、姓名、地址、城市、国家、邮编等几项数据内容的验证。在函数 isEmail( )中,采用正则表达式来判断数据格式是否符合****@***.**这种邮件地址形式,如果不符合则返回提示,要求用户重新输入;在函数 isZip( )中,对邮编的长度及是否为数字格式进行判断,如果不符合也返回相应错误提示;此外,对邮件、姓名、地址、城市、国家、邮编等几项内容全部进行是否为空判断,用来限制各项填充内容不允许为空。

全部填充完后,单击【提交】按钮,就会马上激活 onSubmit 事件,触发函数 submitForms( )执行表单中数据的检验,然后返回验证结果,如果结果正确则继续表单的提交,否则要求用户重新填写。

如果信息验证完全通过,表单提交会激活表单数据的发送目标,本示例中通过 Form 属性 action=mailto:liuhaixue996@sohu.com?subject=test 的设置,来触发本地计算机邮件客户端程序的运行。

5.2.2 客户端 JavaScript 和服务器端 JSP 的数据交互

在 Java Web 应用程序中,服务器端程序(JSP/Servlet)和客户端程序(JavaScript)是无法共享数据的。只能是服务器端程序把数据输出到客户端的页面,这样在客户端生成的页面中,JavaScript 代码才有可能获取和使用 JSP/Servlet 所提供的数据;同样地,服务器端程序要想使用 JavaScript 中的数据,也只有把 JavaScript 里的数据提交给服务器端,服务器端的 JSP/Servlet 程序才能取得 JavaScript 的数据。

本示例演示了一个客户端 JavaScript 和服务器端 JSP 交互的过程,两者可以共享彼此的数据,具体参照步骤如下。

(1) 新建一个项目名称为 5_2 的 Dynamic Web Project 应用程序。
(2) 新建两个名称分别为 5_2.jsp、get.jsp 的文件。
(3) 打开文件 5_2.jsp,输入如示例 5-2 所示代码并保存。

示例 5-2 服务器端和客户端信息交互。

5_2.jsp

```
<%@page contentType="text/html" pageEncoding="UTF-8"%>
<!DOCTYPE HTML PUBLIC "-//W3C//DTD HTML 4.01 Transitional//EN"
                "http://www.w3.org/TR/html4/loose.dtd">
<html>
  <head>
      <meta http-equiv="Content-Type" content="text/html; charset=UTF-8">
      <title>CH5-5_2.jsp</title>
  </head>
  <%
```

```
        String s1="Welcome to JSP World!";
    %>
      <script language="JavaScript">
      function insertclick(){
          var1 ="<%=s1 %>";
          document.forms["insertForm"].mc.value = document.forms["insertForm"].Name.value + " , " + var1;
          document.insertForm.submit();
        }
      </script>
   <body>
     <form name="insertForm" method="post" action="get.jsp">
         <TABLE width=430 border=3 align="center" cellpadding=10>
           <TD align="center">
             <strong>
             <font face="arial" size=+2>服务器端和客户端信息交互！</font>
             </strong>            </TD>
         </TABLE>
         <br>
         <TABLE width="369" height="283" border=3 align="center" cellpadding=2 cellspacing=0 bgcolor="#C0C0C0">
           <tr valign=baseline>
             <TD height="253" colspan="2">
              <p>/****************************************************</p>
              <p>* 本示例将通过 JavaScript 的函数 insertclick() 获取 JSP</p>
              <p>* 传递到页面中的变量 s1，并在 JavaScript 中根据您</p>
              <p>* 在文本框中输入的信息修改这个变量的值，再通</p>
              <p>* 过 post 的方式提交给 JSP 程序来使用。    </p>
              <p>* 请首先在下面文本框中输入您的姓名。</p>
              <p>****************************************************/ </p></TD>
           </tr>
           <tr>
             <TD width="63" height="40">
               <div align="right"><font face="arial">姓名：</font>
             </div></TD>
             <TD width="288"><input type=text name="Name" size=35,1 maxlength=80 height="40"></TD>
           </tr>
         </TABLE>
         <br>
     <!-- 下面这一句是获取 JSP 程序中传递过来的变量值 -->
     <input type="hidden" name="nc" value="<%=s1 %>">
     <input type="hidden" name="mc">
     <center><input type="button" value="提交" onclick="insertclick()"></center>
     </form>
   </body>
  </html>
```

(4) 打开文件 get.jsp，输入如下所示代码并保存。

get.jsp

```jsp
<%@page contentType="text/html" pageEncoding="UTF-8"%>
<!DOCTYPE html PUBLIC "-//W3C//DTD HTML 4.01 Transitional//EN" "http://www.w3.org/TR/html4/loose.dtd">
<html>
    <head>
        <meta http-equiv="Content-Type" content="text/html; charset=UTF-8">
        <title>CH5-get.jsp</title>
    </head>
    <body>
        <center>
            <h3>信息交互测试结果</h3>
            <hr>
<%--在服务器端获取并输出从客户端传递过来的两个参数值-->
            <%
                request.setCharacterEncoding("UTF-8");
                String strVar1=request.getParameter("nc");
                String strVar2=request.getParameter("mc");
                out.print("变量 s1 修改之前的值： \""
                        +strVar1+"\""+"<br><br>");
                out.print("变量 s1 被 JavaScript 函数修改之后的值： \"" + strVar2+"\""+"<br><br>");
            %>
        </center>
    </body>
</html>
```

(5) 运行示例 5-2 中的程序(见图 5-8)。

(6) 在文本框输入姓名后，单击【提交】按钮，返回结果页面(见图 5-9)。

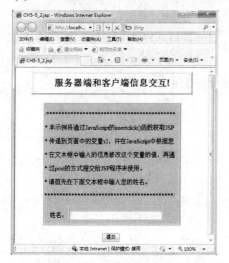

图 5-8　运行示例 5-2 中的程序

图 5-9　服务器端和客户端信息交互测试结果

通过上面的示例，我们实现了 JavaScript 和 JSP 分别在客户端和服务器端使用彼此传递过来的数据以达到信息交互共享的目的。

在文件 5_2.jsp 中，我们使用 var1 ="<%=s1 %>"的方式将 JSP 中的变量 s1 的值传递给 JavaScript 中的 var1 变量。这是一种从 JSP 获取数据供 JavaScript 使用的很便捷、实用的方法。我们可以利用此方式在服务器端获取整型、字符型等类型数据，然后将其通过这种形式传递给 JavaScript，供其加工处理再进行页面输出。本示例中的 JavaScript 函数 insertclick( ) 获取变量 s1 后，又结合页面中的【Name】文本框值对变量 s1 进行了修改，然后将变量 s1 原值和修改后的新值通过隐藏域 "nc" 和 "mc"，用表单提交的方式(post)把数据传递给服务器端的 JSP 程序文件 get.jsp。

提示！！！

将 JavaScript 的数据传递给服务器端 JSP 程序，除了本示例中的方法以外，还可以使用×××.jsp?var1=aaa&var2=bbb 的形式将要传递数据作为 URL 的参数值传给 JSP 程序，这种情况下，服务器端 JSP 程序可以使用 request.getParameter("var1")的方式取得 JavaScript 脚本传递过来的数据。

在服务器端 JSP 程序文件 get.jsp 中，就是通过 request.getParameter( )获取了客户端传送过来的两个变量 "nc" 和 "mc" 的值，并用 out 对象进行了页面输出。这里需要注意的是，在接收传送过来的变量信息之间，使用了 request.setCharacterEncoding("UTF-8")，这主要是考虑可能出现的中文乱码的问题，读者可自行尝试该语句在添加和不添加两种情况下，中文信息传递后的页面显示效果。

5.3 实 验 安 排

在顺利完成 5.1 节相关理论知识学习的基础上，按照教学任务的安排，独立完成如下两项实验内容：

(1) 完成客户端信息验证(具体实验步骤可参照 5.2.1 节)；
(2) 实现客户端 JavaScript 和服务器端 JSP 的信息交互(具体实验步骤可参照 5.2.2 节)。

5.4 相关知识总结与拓展

5.4.1 知识网络拓展

1) 在 JSP 页面中插入 JavaScript 代码的方式

通常情况下，在 JSP 页面中插入 JavaScript 代码的方式有如下几种：

(1) 将 JavaScript 代码直接放在 HTML 的 body 里面，在 body 里面通过 JavaScript 的 document.write( )直接在页面输出文字内容 "Hello, World!"，如下所示。

```
<html>
<head>
```

```
</head>
<body>
<script type="text/javascript">
document.write("Hello, World!");
……
</script>
</body>
</html>
```

(2) 将 JavaScript 代码直接放在 HTML 的 head 里面，在 head 里面定义了一个 JavaScript 的函数 clickme( )，然后在 body 里面通过触发事件 onclick 调用该函数，如下所示。

```
<html>
    <head>
        <script type="text/javascript">
            function clickme()
            {
                alert("You clicked me!")
            }
        </script>
    </head>
    <body>
        <p>请单击下面的"click me"。</p>
        <div onclick = "clickme()" >click me</div>
    </body>
</html>
```

(3) 将 JavaScript 放在以.js 为扩展名的外部文件里面，在外部文件 fileName.js 中首先定义一个函数 clickme( )，然后通过 head 中<script>元素的属性"src"导入 fileName.js 文件，这样就可以正常使用这个外部 js 文件中定义的函数了，如下所示。

```
<html>
    <head>
        <script src="/yourFilePath/fileName.js"></script>
    </head>
    <body>
        <p>请单击下面的"click me"。</p>
        <div onclick = "clickme()" >click me</div>
    </body>
</html>
```

2) 正则表达式

正则表达式(Regular Expression)就是用某种模式去匹配一类字符串的一个公式。它由一些普通字符和一些元字符(meta characters)组成。普通字符包括大小写的字母和数字，而元字符则具有特殊的含义。

例如，最简单的正则表达式应用就是查找匹配一个普通的字符串，如"simplereg"这样的正则表达式中就没有包含任何元字符，它可以匹配"simplereg"和"123simplereg"等字符串，但却不能匹配"Simplereg"。我们在表 5-6 中列出了比较常用的一些正则表达式供读者参考。

表 5-6 常用的正则表达式

正则表达式	说　　明
\d{15}|\d{18}	匹配国内身份证(15 位或 18 位)
[1-9]\d{5}(?!\d)	匹配国内邮政编码(6 位数字)
\d{3}-\d{8}|\d{4}-\d{7}	匹配国内电话号码(形如 021-87896622)
[a-zA-z]+://[^\s]*	匹配网址 URL
[\u4e00-\u9fa5]	匹配中文字符
^-?[1-9]\d*$	匹配整数
^[A-Za-z]+$	匹配由 26 个英文字母组成的字符串
^[A-Za-z0-9]+$	匹配由数字和 26 个英文字母组成的字符串
^\w+$	匹配由数字、26 个英文字母或者下划线组成的字符串
^[a-zA-Z][a-zA-Z0-9_]{4,15}$	匹配账号是否合法(字母开头，允许 5~16 字节，允许字母、数字、下划线)
\d+\.\d+\.\d+\.\d+	匹配 IP 地址
/^[u4e00-u9fa5],{0,}$/	Unicode 编码中的汉字范围

3）HTML 的 mailto 用法

HTML 中的 mailto 语法规范如下：

mailto:URL?参数 1=内容&参数 2=内容&参数 3=内容

可以通过&符号连接多个表达式条件，如"cc=X & bcc=Y"。

mailto 最常用的参数有四个：
- subject——表示邮件的标题。
- body——表示邮件的内容。
- cc——表示一个抄送对象。
- bcc——表示一个暗送对象。

提示！！！

cc(carbon copy)表示抄送，而 bcc(blind carbon copy)表示暗送，就是收件对象和抄送对象都可以彼此看到相互的接收信息，但却都不能看到暗送对象的信件接收信息。

mailto 的示例如下。

示例 1：

mailto:liuhaixue996@sohu.com?subject=JSP 设计与开发案例教程

该示例定义了邮件的标题为"JSP 设计与开发案例教程"。

示例 2：

mailto:liuhaixue996@sohu.com?subject=JSP 设计与开发案例教程&body=一步步 JSP 程序设计语言

该示例定义了邮件的标题为"JSP 设计与开发案例教程",邮件的内容为"一步步 JSP 程序设计语言"。

示例 3:

```
mailto:hx.liu@foundare.com?cc=hxliu@ica.stc.sh.cn&bcc=hxliu@sit.edu.cn
```

该示例定义了邮件的抄送对象为 hxliu@ica.stc.sh.cn,邮件的暗送对象为 hxliu@sit.edu.cn。

5.4.2 其他知识补充

(1) 正则表达式——百度百科(http://baike.baidu.com/view/94238.htm)。
(2) CSS 样式表(Cascading Style Sheets)——W3C 的 CSS 主页(http://www.w3.org/Style/CSS/)。
(3) 推荐使用苏昱(苏沈小雨)主编的《CSS 样式表中文手册合集》(Rainer's DHTML Library)。

习 题

1. 简答题

(1) 客户端信息验证和服务器端信息验证有什么区别?
(2) 与服务器端程序语言相比,JavaScript 具有哪些优势?
(3) 通常情况下,哪些功能任务适合采用 JavaScript 来实现?
(4) 在服务器端可以采用哪种方式实现与客户端 JavaScript 相同的信息验证功能?

2. 填空题

(1) 假如有一个 JavaScript 函数为 show( ),要求其在页面加载时就执行,那么可以使用<body>标记中的事件_____。
(2) 假如在删除数据时要求使用 JavaScript 实现用户确认是否要删除数据的功能,那么可以使用_____对话框。
(3) JavaScript 脚本运行在_____。
(4) JavaScript 脚本中通过 document 对象的_____方法向网页中写入数据。
(5) 正则表达式中,表示 0 个或 1 个的元字符是_____。

3. 选择题

(1) 在 JavaScript 中 window 对象的_____方法用于打开一个新窗口。
  A. openWindow( )   B. window( )
  C. open( )   D. close( )
(2) 在 JavaScript 中 window 对象的_____方法用于关闭当前窗口。
  A. open( )   B. confirm( )
  C. alert( )   D. close( )
(3) 使用 JavaScript 语言中 Document 的_____方法可以在页面上输出字符。
  A. document.write( )   B. document.print( )
  C. document.out( )   D. document.flush( )

(4) 下列_____可以实现单击超链接时弹出确认对话框，询问是否真的删除。
   A．<a href="delbook.jsp?id=1" onClick="return confirm('你真的要删除吗?');">删除</a>
   B．<a href="delbook.jsp?id=1" onClick="confirm alert('你真的要删除吗?');">删除</a>
   C．<a href="delbook.jsp?id=1" onClick="return alert('你真的要删除吗?');">删除</a>
   D．<a href="delbook.jsp?id=1" onChange="confirm('你真的要删除吗?');">删除</a>

(5) 在 HTML 中引用外部 JavaScript 文件的正确方式为_____。
   A．<SCRIPT LANGUAGE="JavaScript" src="*.js"></SCRIPT>
   B．<SCRIPT LANGUAGE="JavaScript" href="*.js"></SCRIPT>
   C．<SCRIPT LANGUAGE="JavaScript" import="*.js"></SCRIPT>
   D．<SCRIPT LANGUAGE="JavaScript" name="*.js"></SCRIPT>

(6) 在一个文本组件中输入字符时有可能触发_____事件。
   A．onLoad   B．onInit
   C．onSubmit   D．onKeyDown

(7) 如果 JavaScript 执行表单验证的函数 onValidate( )返回值为 true，那么_____。
   A．验证不通过，提交数据给服务器
   B．验证不通过，不提交数据给服务器
   C．验证通过，提交数据给服务器
   D．验证通过，不提交数据给服务器

4．程序设计

编写一个简单的登录程序，要求在登录页 login.jsp 中输入用户名(username)、密码(password)和邮箱(email)，用户单击【提交】按钮后，要求在客户端验证用户是否输入了合法的用户名、密码及邮箱。如果用户名和密码正确，则转到登录成功页面，否则显示 login.jsp 页面，并提示错误信息。要求如下：
(1) 用户名、密码和邮箱都不允许为空。
(2) 用户名只能为英文字符，密码只能为数字，邮箱必须符合规范，如 xxx@yyy.zz。

5．综合案例 4

在综合案例 3 的基础上，对其用户注册及登录页面加入 JavaScript 判断和验证。

第 6 章

JDBC 与数据库操作

教学目标

(1) 了解关系型数据库和数据库应用程序的基本理论;
(2) 熟悉数据库结构化查询语言 SQL 和 JDBC 数据库编程类库;
(3) 掌握运用 JDBC 完成数据库 SQL Server 2000 访问和操作的功能。

教学任务

(1) 学习数据库结构化查询语言 SQL;
(2) 掌握 JDBC 数据库编程使用的各种类、接口及方法;
(3) 完成 JDBC 对数据库 SQL Server 2000 的操作。

6.1 相关理论知识

6.1.1 JDBC 基础

JDBC 本身是个商标名,但常被认为代表"Java 数据库连接 (Java Database Connectivity)"。它由一组用 Java 编程语言编写的类和接口组成。JDBC 为数据库开发人员提供了一个标准的 API,使他们能够用纯 Java API 来编写数据库应用程序。通过 JDBC,可以比较容易地向不同的各种关系数据库发送 SQL 语句。用户不需要为了访问不同的数据库而编写不同的程序代码,只需用 JDBC API(开放数据库互连接口)写一个程序就够了,它可向相应数据库发送 SQL 语句。而且,因为 Java 本身的跨平台性,也无需为不同的平台编写不同的应用程序。因此,通过 JDBC 进行数据库操作的程序具有良好的跨平台性。

JDBC API 主要提供两种接口:一种是面向开发人员的 java.sql 程序包,使得 Java 程序员能够进行数据库连接,执行 SQL 查询,并得到结果集合;另一种是面向底层数据库厂商的 JDBC Drivers,JDBC Drivers 提供下述四种类型的数据库驱动方式。

1) JDBC-ODBC 桥接驱动方式

JDBC-ODBC 桥是一个 JDBC 驱动程序。这种驱动程序利用本地的一个 ODBC 库并将 JDBC 调用转化为 ODBC 调用。对 ODBC,像是通常的应用程序,桥为所有对 ODBC 可用的数据库实现 JDBC。JDBC-ODBC 桥接方式利用 Microsoft 的 ODBC API 同数据库服务器端通信,客户端计算机首先应该安装并配置 ODBC Driver 和 JDBC-ODBC Bridge 两种驱动程序。由于 ODBC 被广泛地使用,该桥的优点是让 JDBC 能够访问几乎所有的数据库。建议尽可能地使用纯 Java JDBC 驱动程序代替桥和 ODBC 驱动程序,这样可以完全省去 ODBC 所需的客户机配置,也免除了虚拟机被桥引入的本地代码(即桥本地库、ODBC 驱动程序管理器、ODBC 驱动程序库)中的错误所破坏的可能性。

2) Java 本地代码驱动方式

这种驱动方式将数据库厂商的特殊协议转换成 Java 代码及二进制类码,使 Java 数据库客户端与数据库服务器端通信。例如,Oracle 用 SQLNet 协议,DB2 用 IBM 的数据库协议。数据库厂商的特殊协议也应该被安装在客户机上。这种驱动比 JDBC-ODBC 桥执行效率高。但是,它仍然需要在客户端加载数据库厂商提供的代码库,这样就不适合基于 Internet 的应用。

3) JDBC 网络纯 Java 驱动方式

这种驱动方式是基于三层结构建立的。JDBC 先把对数据库的访问请求传递给网络上的中间件服务器。中间件服务器再把请求翻译为符合数据库规范的调用,把这种调用传给数据库服务器。由于这种驱动是基于 Server 的,所以,它不需要在客户端加载数据库厂商提供的代码库,而且在执行效率和可升级性方面比较好。因为大部分功能实现都在 Server 端,所以这种驱动可以设计得很小,可以非常快速地加载到内存中。但是,这种驱动在中间件层仍然需要配置其他数据库驱动程序,并且由于多了一个中间层传递数据,它的执行效率不是最好的。

4) 本地协议纯 Java 驱动方式

这种驱动方式直接把 JDBC 调用转换为符合相关数据库系统规范的请求。这种类型的驱动完全由 Java 实现，因此实现了平台独立性。这种驱动无需把 JDBC 的调用传给 ODBC、本地数据库接口或中间层服务器，因此它的执行效率非常高。同时，因为这种驱动程序可以动态地被下载(对于不同的数据库需要下载不同的驱动程序)，它不需要在客户端或服务器端装载任何的软件或驱动，所以这种类型的驱动程序是最成熟的 JDBC 驱动程序，不但无需在使用者计算机上安装任何额外的驱动程序，也不需要在服务器端安装任何中间件程序，所有存取数据库的操作，都直接由驱动程序来完成。

为了正确地加载驱动程序，Java 提供了三种可以实现对驱动程序的加载的方法。

(1) 使用 Class.forName( )方法，Java 虚拟机(JVM)将加载驱动程序类

例如，如果想要使用 JDBC-ODBC 桥驱动程序，可以用下列代码加载它：

```
Class.forName("sun.jdbc.odbc.JdbcOdbcDriver");
```

(2) 使用 DriverManager 类的 registerDriver( )方法

例如，如果想要使用 JDBC-ODBC 桥驱动程序，可以用下列代码加载它：

```
DriverManager.registerDriver("sun.jdbc.odbc.JdbcOdbcDriver");
```

(3) 利用 System 类的 setProperty( )方法为 jdbc.drivers 类设置系统属性

例如，如果想要使用 JDBC-ODBC 桥驱动程序，可以用下列代码加载它：

```
System.setProperty ("sun.jdbc.odbc.JdbcOdbcDriver");
```

6.1.2 SQL

SQL(Structure Query Language)语言是几乎所有数据库系统都支持的数据库操作语言，SQL 语言提供了许多的命令语法，可以对数据库进行查询或新增记录等操作。SQL 语言是一个结构化的关系型数据库查询语言，主要用来存取数据库的内容，提供给使用者方便、简单的操作方法。SQL 的结构很简单，它的命令总数不超过 30 个动词，但是它却具有完成操作和检索数据库所需要的全部功能。SQL 具有以下功能：

- 修改数据库的结构。
- 改变系统的安全性设置。
- 增加用户访问数据库或表的许可。
- 查询数据库的信息。
- 更新数据库的内容。

实际上，在我们的日常开发中，只需要用到 SQL 的一部分功能，主要涉及几条常用的 SQL 语句：SELECT、INSERT、UPDATE、DELETE、CREATE TABLE、ALTER TABLE 和 DROP TABLE。

1) SELECT

语法如下：

```
SELECT 字段列表 AS 字段别名
from 表名
```

```
where 查询准则
order by 排序准则
group by 分组准则
having 过滤准则
```

说明如下：
- SELECT 语句用于从数据库中查询符合指定条件的数据。
- 语句中除 SELECT 和 from 外，其余均是可选项。
- SELECT 后跟的是用户要查询的信息，AS 可为某一字段起别名或是通过对几个列的操作而生成新的列。
- from 后跟的是查询对象，可以是一个表，也可以是多个表的名称。
- where 后跟的是查询准则，使用操作符来筛选数据(where 子句常用操作符见表 6-1)。

表 6-1 where 子句常用操作符

操作符	说 明	操作符	说 明
=	等于	in	等于括号中任一值
!=	不等于	not in	不等于括号中任一值
<>	不等于	between	在两者之间
<	小于	not between	不在两者之间
>	大于	like	含给定字符串
<=	小于等于	>=	大于等于

- order by 后跟的是排序准则，它是以 select 选取的结果作为基础，可以进行升序排序，或使用 DESC 做降序排序。
- group by 后跟的是分组准则，用来将某一字段的相同数据项分为一组。
- having 用于过滤分组的结果。

2) INSERT

语法如下：

```
INSERT into 表名 字段列表 values 字段值列表
```

或者

```
INSERT into 表名 字段列表 SELECT 语句
```

说明如下：
- INSERT 语句用于将一个新行插入到一个已经存在的表中。
- 字段列表是可选的，默认时表示所有的字段均要赋值，若给出了字段列表，则要求值列表个数与字段列表个数相同。
- 第二种格式把用 SELECT 命令从其他表选择的行插入该表中。

3) UPDATE

语法如下：

```
UPDATE 表名 set 字段名="表达式" where 查询准则
```

说明如下：
- UPDATE 语句用于修改表中的字段值。
- set 指令用于指定哪个字段要修改和它们应该被给定的值。
- where 是可选项，它指出了哪些记录应被更新。

4) DELETE

语法如下：

```
DELETE from 表名 where 查询准则
```

说明如下：
- DELETE 语句用于删除表中的记录。
- where 是可选项，用于指定哪些记录应被删除，若不加 where，所有记录都将被删除，被删除的记录将不可恢复。

5) CREATE TABLE

语法如下：

```
CREATE TABLE 表名
(
字段名 字段类型[列级完整性约束条件]
  ,字段名 字段类型[列级完整性约束条件]
    ……
)
```

说明如下：
- CREATE TABLE 语句用于创建一个数据表。
- 字段名在同一张数据表中应该是唯一的，它的命名应该符合该数据库系统的命名规则。
- 字段类型应是该数据库系统支持的数据类型。
- 典型的"列级完整性约束条件"是"NOT NULL"，使用它可使用户在表中添加一条记录时，对应的字段不能是空值。

6) ALTER TABLE

语法如下：

```
ALTER TABLE 表名 add column 字段名 字段类型
```

或者

```
ALTER TABLE 表名 change column 旧字段名 新字段名 字段类型
```

或者

```
ALTER TABLE 表名 drop column 旧字段名
```

说明如下：
- ALTER TABLE 语句用来修改表的结构，可以增加、修改或删除一个字段。
- 使用 ALTER TABLE 语句增加一个字段时，新加入的字段在字段列表的末尾，但这并不影响数据库的操作。

> 修改字段时，字段位置不变。

7) DROP TABLE

语法如下：

```
DROP TABLE 表名
```

说明如下：

> DROP TABLE 用于删除一个表。
> 删除表的操作是不可恢复的，因此一定要慎重使用。

6.1.3 JDBC 编程

JDBC 数据库连接的基本步骤包括导入 JDBC 类、安装 JDBC 驱动器、加载驱动程序、定义连接的 URL、建立连接、创建语句对象、执行 SQL 语句、返回处理结果、关闭连接。

1) 导入 JDBC 类

实现基本地利用 JDBC 访问数据库，必须导入几个常用的 JDBC 类和接口，如 java.sql.DriverManager(驱动程序管理)、java.sql.Connection(实现连接数据的处理)、java.sql.SQLException(处理 SQL 操作失败引起的异常)、java.sql.Statement 和 java.sql.ResultSet(实现 SQL 的相关处理)等。可以用 import 语句将这些类导入到 Java 程序中。由于这些类放在 java.sql 包中，也可以直接用 import java.sql.*语句将它们导入到 Java 程序中。

2) 安装 JDBC 驱动器

安装 JDBC 驱动前首先需要确定使用的数据库类型，然后找到相应的 JDBC jar 驱动包。驱动包是一个软件，一般由开发商提供，如 MS SQL Server 2000 能在 Microsoft 公司的网站上找到相应的驱动进行下载。另外 Sun 公司网站上也提供了常用驱动程序的介绍和相关下载，用户可以根据需要下载。找到驱动后，只需要将 JDBC 驱动包(一般来说是一个 JAR 文件)放入 classpath 中即可。

3) 建立连接

Connection 对象代表与数据库的连接，连接过程包括所执行的 SQL 语句和在该连接上所返回的结果。一个应用程序可与单个数据库有一个或多个连接。与数据库建立连接的标准方法是调用 DriverManager.getConnection 方法。该方法接受含有某个 URL 的字符串，DriverManager 类将尝试找到可与那个 URL 所代表的数据库进行连接的驱动程序。DriverManager 类保存有已注册的 Driver 类的清单，当调用 getConnection 方法时，它将检查清单中的每个驱动程序，直到找到可与 URL 中指定的数据库进行连接的驱动程序为止。Driver 的 connect 方法使用这个 URL 来建立实际的连接。用户可绕过 JDBC 管理层直接调用 Driver 方法，这在以下特殊情况下将很有用：当两个驱动器可同时连接到数据库中，而用户需要明确地选用其中特定的驱动器。下述代码显示如何打开一个与位于 URL"jdbc:odbc:wombat"的数据库的连接，所用的用户标识符为 dont，口令为 dont1234：

```
String url = "jdbc:odbc:wombat";
Connection con = DriverManager.getConnection(url, "dont", "dont1234");
```

表 6-2 给出了几种比较常见的数据库的 JDBC 驱动和 URL 连接。

表 6-2 常见数据库的 JDBC 驱动和 URL 连接

数据库	JDBC 驱动和 URL 连接

Oracle 数据库
(thin 模式)
	Class.forName("oracle.jdbc.driver.OracleDriver").newInstance( );
	String url="jdbc:oracle:thin:@localhost:1521:student"; //student 为数据库的 SID
	String user="test";
	String password="test";
	Connection conn= DriverManager.getConnection(url,user,password);

DB2 数据库	Class.forName("com.ibm.db2.jdbc.app.DB2Driver ").newInstance( );
	String url="jdbc:db2://localhost:5000/ student "; // student 为数据库名
	String user="admin";
	String password="";
	Connection conn= DriverManager.getConnection(url,user,password);

SQL Server7.0/2000
数据库
	Class.forName("com.microsoft.jdbc.sqlserver.SQLServerDriver").newInstance( );
	String url="jdbc:microsoft:sqlserver://localhost:1433;DatabaseName= student "; // student 为数据库名
	String user="sa";
	String password="";
	Connection conn= DriverManager.getConnection(url,user,password);

Sybase 数据库	Class.forName("com.sybase.jdbc.SybDriver").newInstance( );
	String url =" jdbc:sybase:Tds:localhost:5007/ student ";// student 为数据库名
	Properties sysProps = System.getProperties( );
	SysProps.put("user","userid");
	SysProps.put("password","user_password");
	Connection conn= DriverManager.getConnection(url, SysProps);

Informix 数据库	Class.forName("com.informix.jdbc.IfxDriver").newInstance( );
	String url = "jdbc:informix-sqli://123.45.67.89:1533/ student:INFORMIXSERVER =myserver;user= testuser;password=testpassword"; // student 为数据库名
	Connection conn= DriverManager.getConnection(url);

MySQL 数据库	Class.forName("org.gjt.mm.mysql.Driver").newInstance( );
	//或 Class.forName("com.mysql.jdbc.Driver");
	Stringurl="jdbc:mysql://localhost/student?user=soft&password=soft1234&useUnicode= true&characterEncoding=8859_1" // student 为数据库名
	Connection conn= DriverManager.getConnection(url);

PostgreSQL 数据库	Class.forName("org.postgresql.Driver").newInstance( ); String url ="jdbc:postgresql://localhost/ student " // student 为数据库名 String user="myuser"; String password="mypassword"; Connection conn= DriverManager.getConnection(url,user,password);
Access 数据库	Class.forName("sun.jdbc.odbc.JdbcOdbcDriver") ; String url="jdbc:odbc:Driver={MicroSoft Access Driver (*.mdb)}; DBQ= " +application. getRealPath("/Data/ student.mdb"); Connection conn = DriverManager.getConnection(url,"",""); Statement stmtNew=conn.createStatement( ) ;

6.2 相关实践知识

　　JDBC 操作 SQL Server 2000 数据库。SQL Server 是一个关系数据库管理系统，而 SQL Server 2000 是 Microsoft 公司推出的 SQL Server 数据库管理系统的一个版本。本示例将以 SQL Server 2000 作为后台数据库，来演示 JDBC 如何访问一个数据库，以及如何在数据库上执行数据的查询、插入、更新、删除等操作。要成功运行该示例，需要读者根据自己本地计算机的实际情况完成如下几方面的安装和配置，以满足程序运行的基本软硬件环境。

　　(1) 安装 SQL Server 2000。

　　(2) 下载并安装 SQL Server 2000 Service Pack 4(SQL Server 2000 的更新补丁)。

　　(3) 设置 SQL Server 2000 登录验证模式为 Windows 和 SQL Server 混合模式(不能仅为 Windows 集成验证模式)。

　　(4) 下载 Microsoft SQL Server JDBC Driver 2.0(支持 SQL Server 2000 访问的 JDBC 驱动程序)。

　　该示例具体步骤参照如下。

　　(1) 新建一个项目名称为 6_1 的 Dynamic Web Project 应用程序。

　　(2) 选中文件夹"lib"，在右键快捷菜单中选择【Import】选项(见图 6-1)。

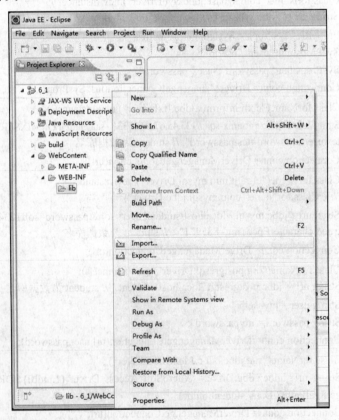

图 6-1　在文件夹"lib"的右键快捷菜单中选择【Import】选项

(3) 在【Import】窗口中，选择【General】→【File System】选项，然后单击【Next】按钮(见图 6-2)。

图 6-2　【Import】窗口选择导入源

(4) 在关于 File System 的窗口中，定位到 SQL Server 2000 的 JDBC 驱动程序包所在的位置，然后选中包文件 sqljdbc4.jar(本示例中该文件包放置于 D:\sqljdbc4 drivers 路径下，读者可根据自己实际情况调整)，单击【Finish】按钮完成(见图 6-3)。

图 6-3　选择要导入的 JDBC 驱动程序包

(5) 新建五个名称分别为 6_1.jsp、query.jsp、insert.jsp、update.jsp 和 delete.jsp 的文件(见图 6-4)。

图 6-4 项目 6_1 的组织结构

(6) 打开文件 6_1.jsp，输入如示例 6-1 所示代码并保存。

示例 6-1 JDBC 操作 SQL Server 2000 数据库。

6_1.jsp

```
<%@ page language="java" contentType="text/html; charset=UTF-8"%>
<!DOCTYPE html PUBLIC "-//W3C//DTD HTML 4.01 Transitional//EN" "http://www.w3.org/TR/html4/loose.dtd">
<%@ page import="java.lang.*,java.io.*,java.sql.*,java.util.*"%>
<html>
    <head>
        <meta http-equiv="Content-Type" content="text/html; charset=UTF-8">
        <title>CH6-6_1.jsp</title>
    </head>
    <body>
        <TABLE width=430 border=3 align="center" cellpadding=10>
            <TD align="center">
            <strong>
            <font face="arial" size=+2>JDBC 访问数据库示例</font></strong></TD>
        </TABLE>
        <br>
        <TABLE width="616" height="448" border=3 align="center" cellpadding=2 cellspacing=0 bgcolor="#C0C0C0">
            <tr valign=baseline>
                <TD height="101">
                    <p><a href="query.jsp">SELECT TEST </a></p>
                    <p>*********************************************** </p>
                    <p>* 本示例将从表 authors 中获取 au_id、au_lname、au_fname、phone 四个字段的数据</p>
                </TD>
```

```html
            </tr>
            <tr>
                <TD height="51">
                    <div align="left">
                        <p><a href="insert.jsp">INSERT TEST</a> </p>
                        <p>***************************************** </p>
                        <p>* 本示例将在表 authors 中插入一条记录，au_id、au_lname、au_fname、phone 和 contract 五个字段的值分别设置成 118-72-3560、Benjamin、liu、021 811-0752 和 0。</p>
                    </div></TD>
            </tr>
            <tr>
                <TD height="20"><p><a href="update.jsp">UPDATE TEST </a></p>
                    <p>***************************************** </p>
                    <p>* 本示例将把表 authors 中在 INSERT TEST 插入的那条记录的 phone 字段值由原来的 021 811-0752 更改为 020 666-8978。</p></TD>
            </tr>
            <tr>
                <TD height="101"><p><a href="delete.jsp">DELETE TEST</a> </p>
                    <p>***************************************** </p>
                    <p>* 本示例将把表 authors 中在 INSERT TEST 插入的那条记录删除掉。
                    </p></TD>
            </tr>
        </TABLE>
    </body>
</html>
```

(7) 打开文件 query.jsp，输入如下所示代码并保存。

query.jsp

```jsp
<%@ page language="java" contentType="text/html; charset=UTF-8"%>
<!DOCTYPE html PUBLIC "-//W3C//DTD HTML 4.01 Transitional//EN" "http://www.w3.org/TR/html4/loose.dtd">
<%@ page import="java.lang.*,java.io.*,java.sql.*,java.util.*"%>
<html>
<head>
    <meta http-equiv="Content-Type" content="text/html; charset=UTF-8">
    <title>CH6-query.jsp</title>
</head>
<body>
    <a href="6_1.jsp">返回</a>
    <h3>查询数据库测试结果</h3>
    <hr>
    <%
        // JDBC driver name and database URL
        String JDBC_DRIVER = "com.microsoft.sqlserver.jdbc.SQLServerDriver";
        String DB_URL = "jdbc:sqlserver://localhost:1433;DatabaseName=pubs";
        //  Database credentials
```

```java
String USER = "sa";
String PASS = "";
Connection conn = null;
Statement stmt = null;
try{
   //STEP 1: Register JDBC driver
  Class.forName(JDBC_DRIVER).newInstance();
  //STEP 2: Open a connection
  out.println("Connecting to database..."+"<br>");
  conn = DriverManager.getConnection(DB_URL,USER,PASS);
  //STEP 3: Execute a query
  out.println("Creating statement..."+"<br>");
  stmt = conn.createStatement();
  String sql;
  sql = "SELECT au_id, au_lname,au_fname,phone FROM authors";
  ResultSet rs = stmt.executeQuery(sql);
  //STEP 4: Extract data from result set
  while(rs.next()){
     //Retrieve by column name
     String id  = rs.getString("au_id");
     String last = rs.getString("au_lname");
     String first = rs.getString("au_fname");
     String phone = rs.getString("phone");
     //Display values
     out.print("<B>au_id:</B>" + id);
     out.print(",<B>au_lname:</B> " + last);
     out.print(",<B>au_fname:</B>" + first);
     out.print(",<B>phone:</B>" + phone + "<br>");
  }
  //STEP 5: Clean-up environment
  rs.close();
  stmt.close();
  conn.close();
 }catch(SQLException se){
     //Handle errors for JDBC
     se.printStackTrace();
   }catch(Exception e){
     //Handle errors for Class.forName
     e.printStackTrace();
   }finally{
     //finally block used to close resources
     try{
        if(stmt!=null)
          stmt.close();
     }catch(SQLException se2){
        se2.printStackTrace();
```

```
            }
            try{
                if(conn!=null)
                    conn.close();
            }catch(SQLException se){
                se.printStackTrace();
            }
        }
    %>
    <%
      out.print("You are successful.Congratulations!");
    %>
    </body>
</html>
```

(8) 打开文件 insert.jsp，输入如下所示代码并保存。

insert.jsp

```
<%@ page language="java" contentType="text/html; charset=UTF-8"%>
<!DOCTYPE html PUBLIC "-//W3C//DTD HTML 4.01 Transitional//EN" "http://www.w3.org/TR/html4/loose.dtd">
<%@ page import="java.lang.*,java.io.*,java.sql.*,java.util.*"%>
<html>
    <head>
        <meta http-equiv="Content-Type" content="text/html; charset=UTF-8">
        <title>CH6-insert.jsp</title>
    </head>
    <body>
        <a href="6_1.jsp">返回</a>
        <h3>插入数据库记录测试结果</h3>
        <hr>
        <%
          // JDBC driver name and database URL
          String JDBC_DRIVER = "com.microsoft.sqlserver.jdbc.SQLServerDriver";
          String DB_URL = "jdbc:sqlserver://localhost:1433;DatabaseName=pubs";
          // Database credentials
          String USER = "sa";
          String PASS = "";
          Connection conn = null;
          Statement stmt = null;
          try{
             //STEP 1: Register JDBC driver
             Class.forName(JDBC_DRIVER).newInstance();
             //STEP 2: Open a connection
             out.println("Connecting to database..."+"<br>");
             conn = DriverManager.getConnection(DB_URL,USER,PASS);
             //STEP 3: Execute a query
```

```java
            out.println("Creating statement..."+"<br>");
            stmt = conn.createStatement();
            String sql1,sql2;
            sql1 = "insert into authors( au_id, au_lname,au_fname,phone, contract) values('118-72-3560','Benjamin','liu','021 811-0752',0)";
            if(stmt.executeUpdate(sql1)==1)
                out.print("Insert Sucess! " + "<br>");
            else
                out.print("Insert Failure! " + "<br>");
            sql2 ="SELECT au_id, au_lname,au_fname,phone FROM authors";
            ResultSet rs = stmt.executeQuery(sql2);
            //STEP 4: Extract data from result set
            while(rs.next()){
               //Retrieve by column name
               String id  = rs.getString("au_id");
               String last = rs.getString("au_lname");
               String first = rs.getString("au_fname");
               String phone = rs.getString("phone");
               //Display values
               out.print("<B>au_id:</B>" + id);
               out.print(",<B>au_lname:</B> " + last);
               out.print(",<B>au_fname:</B>" + first);
               out.print(",<B>phone:</B>" + phone + "<br>");
            }
            //STEP 5: Clean-up environment
            rs.close();
            stmt.close();
            conn.close();
         }catch(SQLException se){
              //Handle errors for JDBC
              se.printStackTrace();
           }catch(Exception e){
              //Handle errors for Class.forName
              e.printStackTrace();
           }finally{
              //finally block used to close resources
              try{
                 if(stmt!=null)
                    stmt.close();
              }catch(SQLException se2){
                 se2.printStackTrace();
              }
              try{
                 if(conn!=null)
                    conn.close();
              }catch(SQLException se){
```

```
                se.printStackTrace();
            }
        }
    %>
    </body>
</html>
```

(9) 打开文件 update.jsp，输入如下所示代码并保存。

update.jsp

```jsp
<%@ page language="java" contentType="text/html; charset=UTF-8"%>
<!DOCTYPE html PUBLIC "-//W3C//DTD HTML 4.01 Transitional//EN" "http://www.w3.org/TR/html4/loose.dtd">
<%@ page import="java.lang.*,java.io.*,java.sql.*,java.util.*"%>
<html>
    <head>
        <meta http-equiv="Content-Type" content="text/html; charset=UTF-8">
        <title>CH6-update.jsp</title>
    </head>
    <body>
        <a href="6_1.jsp">返回</a>
        <h3>更新数据库记录测试结果</h3>
        <hr>
        <%
            // JDBC driver name and database URL
            String JDBC_DRIVER = "com.microsoft.sqlserver.jdbc.SQLServerDriver";
            String DB_URL = "jdbc:sqlserver://localhost:1433;DatabaseName=pubs";
            //  Database credentials
            String USER = "sa";
            String PASS = "";
            Connection conn = null;
            Statement stmt = null;
            try{
                //STEP 1: Register JDBC driver
                Class.forName(JDBC_DRIVER).newInstance();

                //STEP 2: Open a connection
                out.println("Connecting to database..."+"<br>");
                conn = DriverManager.getConnection(DB_URL,USER,PASS);
                //STEP 3: Execute a query
                out.println("Creating statement..."+"<br>");
                stmt = conn.createStatement();
                String sql1,sql2;
                sql1 = "update authors set phone='020 666-8978' where au_id='118-72-3560'";
                if(stmt.executeUpdate(sql1)==1)
                    out.print("Update Success! " + "<br>");
```

```
            else
                out.print("Update Failure! " + "<br>");
            sql2 ="SELECT au_id, au_lname,au_fname,phone FROM authors";
            ResultSet rs = stmt.executeQuery(sql2);
            //STEP 4: Extract data from result set
            while(rs.next()){
                //Retrieve by column name
                String id = rs.getString("au_id");
                String last = rs.getString("au_lname");
                String first = rs.getString("au_fname");
                String phone = rs.getString("phone");
                //Display values
                out.print("<B>au_id:</B>" + id);
                out.print(",<B>au_lname:</B> " + last);
                out.print(",<B>au_fname:</B>" + first);
                out.print(",<B>phone:</B>" + phone + "<br>");
            }
            //STEP 5: Clean-up environment
            rs.close();
            stmt.close();
            conn.close();
        }catch(SQLException se){
            //Handle errors for JDBC
            se.printStackTrace();
        }catch(Exception e){
            //Handle errors for Class.forName
            e.printStackTrace();
        }finally{
            //finally block used to close resources
            try{
                if(stmt!=null)
                    stmt.close();
            }catch(SQLException se2){
                se2.printStackTrace();
            }
            try{
                if(conn!=null)
                    conn.close();
            }catch(SQLException se){
                se.printStackTrace();
            }
        }
    %>
    </body>
</html>
```

(10) 打开文件 delete.jsp，输入如下所示代码并保存。

delete.jsp

```jsp
<%@ page language="java" contentType="text/html; charset=UTF-8"%>
<!DOCTYPE html PUBLIC "-//W3C//DTD HTML 4.01 Transitional//EN" "http://www.w3.org/TR/html4/loose.dtd">
<%@ page import="java.lang.*,java.io.*,java.sql.*,java.util.*"%>
<html>
    <head>
        <meta http-equiv="Content-Type" content="text/html; charset=UTF-8">
        <title>CH6-delete.jsp</title>
    </head>
    <body>
        <a href="6_1.jsp">返回</a>
        <h3>删除数据库记录测试结果</h3>
        <hr>
        <%
            // JDBC driver name and database URL
            String JDBC_DRIVER = "com.microsoft.sqlserver.jdbc.SQLServerDriver";
            String DB_URL = "jdbc:sqlserver://localhost:1433;DatabaseName=pubs";
            //  Database credentials
            String USER = "sa";
            String PASS = "";
            Connection conn = null;
            Statement stmt = null;
            try{
                //STEP 1: Register JDBC driver
                Class.forName(JDBC_DRIVER).newInstance();
                //STEP 2: Open a connection
                out.println("Connecting to database..."+"<br>");
                conn = DriverManager.getConnection(DB_URL,USER,PASS);

                //STEP 3: Execute a query
                out.println("Creating statement..."+"<br>");
                stmt = conn.createStatement();
                String sql;
                String sql1,sql2;
                sql1 = "delete authors where au_id='118-72-3560'";
                if(stmt.executeUpdate(sql1)==1)
                    out.print("Delete Success! " + "<br>");
                else
                    out.print("Delete Failure! " + "<br>");
                sql2 ="SELECT au_id, au_lname,au_fname,phone FROM authors";
                ResultSet rs = stmt.executeQuery(sql2);
```

```
            //STEP 4: Extract data from result set
            while(rs.next()){
                //Retrieve by column name
                String id = rs.getString("au_id");
                String last = rs.getString("au_lname");
                String first = rs.getString("au_fname");
                String phone = rs.getString("phone");
                //Display values
                out.print("<B>au_id:</B>" + id);
                out.print(",<B>au_lname:</B> " + last);
                out.print(",<B>au_fname:</B>" + first);
                out.print(",<B>phone:</B>" + phone + "<br>");
            }
            //STEP 5: Clean-up environment
            rs.close();
            stmt.close();
            conn.close();
        }catch(SQLException se){
            //Handle errors for JDBC
            se.printStackTrace();
        }catch(Exception e){
            //Handle errors for Class.forName
            e.printStackTrace();
        }finally{
            //finally block used to close resources
            try{
                if(stmt!=null)
                    stmt.close();
            }catch(SQLException se2){
                se2.printStackTrace();
            }
            try{
                if(conn!=null)
                    conn.close();
            }catch(SQLException se){
                se.printStackTrace();
            }
        }
    %>
    </body>
</html>
```

(11) 运行示例 6-1 中的程序(见图 6-5)。

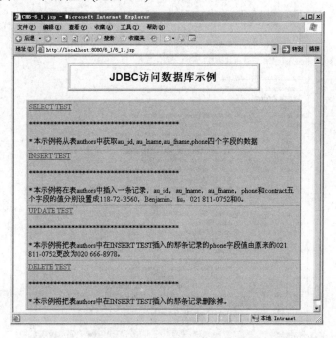

图 6-5　运行示例 6-1 中的程序

(12) 单击【SELECT TEST】链接，执行 SELECT 查询操作(见图 6-6)。

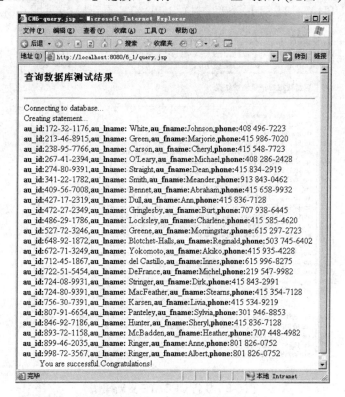

图 6-6　执行 SELECT 查询操作

(13) 单击【INSERT TEST】链接,执行 INSERT 插入操作(见图 6-7)。

图 6-7　执行 INSERT 插入操作

(14) 单击【UPDATE TEST】链接,执行 UPDATE 更新操作(见图 6-8)。

图 6-8　执行 UPDATE 更新操作

(15) 单击【DELETE TEST】链接，执行 DELETE 删除操作(见图 6-9)。

图 6-9　执行 DELETE 删除操作

在这个示例中我们利用了 SQL Server 2000 默认提供的数据库 pubs，实现了 JDBC 对其中的表 authors 数据的查询、插入、更新、删除等操作。在第二步到第四步中，首先导入了 SQL Server 2000 的 JDBC 驱动程序包 sqljdbc4.jar。

提示！！！

SQL Server 2000 的 JDBC 驱动程序包 sqljdbc4.jar 的导入，除了本示例中所采用的方式以外，还可以选用以下两种方式：

(1) 将 sqljdbc4.jar 直接复制放置于服务器 GlassFish Server 3.1.1 的指定目录中。例如：
\%GlassFishInstallationDirectory%\domains\domain1\lib\ext

上面的目录是 GlassFish Server 3.1.1 的一个扩展目录，将要用的*.jar 文件放在下面，不用设置环境变量就可以使用这个*.jar 文件了。

(2) 设置系统环境变量 CLASSPATH，指向某一目录下的 sqljdbc4.jar。例如：
CLASSPATH =.;D:\sqljdbc4 drivers\sqljdbc4.jar

提示！！！

每一次导入 SQL Server 2000 的 JDBC 驱动程序包 sqljdbc4.jar，要使其生效，都要重新启动服务器 GlassFish Server 3.1.1。

文件 6_1.jsp 提供了四项测试的目标指向和内容描述，由此入口依次进入 SELECT TEST、INSERT TEST、UPDATE TEST 和 DELETE TEST 会浏览到在表 authors 上完成的数据库操作效果。

在文件 query.jsp 中，首先定义了两个变量 JDBC_DRIVER 和 DB_URL，来分别代表 SQL Server 2000 的 JDBC 驱动程序名称 "com.microsoft.sqlserver.jdbc.SQLServerDriver" 和 SQL Server 2000 的 URL "jdbc:sqlserver://localhost:1433;DatabaseName=pubs"。JDBC URL 专门提供了一种标识数据库的方法，可以使相应的驱动程序能识别该数据库并与之建立连接。本示例中使用的 URL 格式如下：

```
jdbc:sqlserver://<host>:<port>
DatabaseName=pubs
```

<host>表示数据库服务器地址(localhost)，<port>表示数据库服务器端口号(1433)，而 "DatabaseName=pubs" 设置了要访问的数据库名称。

一般情况下，在使用 JDBC 驱动程序类库时，都必须首先用 Class.forName( )注册驱动程序，如本示例中的 Class.forName(JDBC_DRIVER)。

提示！！！

在 JDBC API 4.0 中，DriverManager.getConnection 方法得到了增强，可自动加载 JDBC Driver。因此，使用 sqljdbc4.jar 类库时，应用程序可以无需调用 Class.forName( )方法来注册或加载驱动程序。

加载驱动程序后，可通过使用连接 URL 和 DriverManager 类的 getConnection( )方法来建立连接。getConnection( )方法接受含有某个 URL 的字符串。DriverManager 类是 JDBC 的管理层，作用于用户和驱动程序之间，它跟踪可用的驱动程序，并在数据库和相应驱动程序之间建立连接。另外，DriverManager 类也处理诸如驱动程序登录时间限制及登录和跟踪消息的显示等事务。DriverManager 类存有已注册的 Driver 类的清单，当调用 DriverManager.getConnection( )发出连接请求时，DriverManager 将检查清单中的每个驱动程序，尝试找到可与那个 URL 所代表的数据库进行连接的驱动程序，查看它是否可以建立连接。本示例中使用 DriverManager.getConnection(DB_URL,USER,PASS)尝试打开一个与位于 DB_URL 的数据库的连接，所用的用户标识符为 "sa"，口令为空。

getConnection( )方法返回的 Connection 对象代表与数据库的连接。连接过程包括所执行的 SQL 语句和在该连接上所返回的结果。

Statement 类则用于将 SQL 语句发送到数据库中，它提供了执行语句和获取结果的基本方法。

提示！！！

JDBC 中包含三种 Statement 类，它们都专用于发送特定类型的 SQL 语句：
- Statement 类用于执行不带参数的简单 SQL 语句。
- PreparedStatement 类用于执行带或不带 IN 参数的预编译 SQL 语句，而不需要 SQL 语句作为参数，因为已经包含了预编译 SQL 语句。
- CallableStatement 类用于执行对数据库已存储过程的调用。PreparedStatement 接口添加了处理 IN 参数的方法；而 CallableStatement 添加了处理 OUT 参数的方法。

本示例中，Statement 对象用 Connection 的 createStatement( )方法创建。为了执行 Statement 对象，被发送到数据库的 SQL 语句将被作为参数提供给 Statement 的方法。Statement 类提供了三种执行 SQL 语句的方法：executeQuery( )、executeUpdate( )和 execute( )。

(1) executeQuery( )方法用于产生单个结果集的语句,如 SELECT 语句。

(2) executeUpdate( )方法用于执行 INSERT、UPDATE 或 DELETE 语句及 SQL DDL(Data Definition Language,数据定义语言)语句,如 CREATE TABLE 和 DROP TABLE。INSERT、UPDATE 或 DELETE 语句的效果是修改表中零行或多行中的一列或多列。executeUpdate( )的返回值是一个整数,指示受影响的行数(即更新计数)。对于 CREATE TABLE 或 DROP TABLE 等不操作行的语句,executeUpdate( )的返回值总为零。

(3) execute( )方法执行给定 SQL 语句,但可能返回多个结果。因此,通常该方法仅在语句能返回多个 ResultSet 对象、多个更新计数或 ResultSet 对象与更新计数的组合时使用。

提示!!!

(1) Statement 对象本身不包含 SQL 语句,因而必须给 Statement 对象的执行方法提供 SQL 语句作为参数。

(2) 所有的执行方法都将关闭所调用的 Statement 对象的当前打开结果集(如果存在)。因此,在重新执行 Statement 对象之前,需要完成对当前 ResultSet 对象的处理。

ResultSet 包含符合 SQL 语句中条件的所有行,并且它通过一套 get 方法(这些 get 方法可以访问当前行中的不同列)提供了对这些行中数据的访问。Get×××( )方法提供了获取当前行中某列值的途径,列名或列号可用于标识要从中获取数据的列。例如,本示例中的 rs.getString("phone")语句用于获取当前行的列"phone"的值。ResultSet.next( )方法用于移动到 ResultSet 中的下一行,使下一行成为当前行。

在 query.jsp、insert.jsp、update.jsp 和 delete.jsp 四个文件中,我们利用上述类和方法,分别结合不同的 SQL 语句实现了在表 authors 上的数据查询、插入、更新和删除等操作。

ResultSet 对象、Connection 对象和 Statement 对象将由 Java 垃圾收集程序自动关闭。而作为一种好的编程风格,应在不需要它们时显式地关闭它们。这将可以立即释放 DBMS 资源,有助于避免潜在的内存问题。本示例中,使用各个对象的 close( )方法对其进行了显式关闭。

6.3 实 验 安 排

在顺利完成 6.1 节相关理论知识学习的基础上,按照教学任务的安排,独立完成如下实验内容:

完成 JDBC 对 SQL Server 2000 的操作(具体实验步骤可参照 6.2 节)。

6.4 相关知识总结与拓展

6.4.1 知识网络拓展

1) SQL Server 2000 Service Pack 4 下载地址

SQL Server 2000 Service Pack 4 的下载地址如下:

http://www.microsoft.com/downloads/zh-cn/details.aspx?FamilyID=8e2dfc8d-c20e-4446-99a9-b7f0213f8bc5

2) Microsoft SQL Server JDBC Driver 2.0 下载地址

Microsoft SQL Server JDBC Driver 2.0 的下载地址如下：

http://www.microsoft.com/downloads/zh-cn/details.aspx?displaylang=zh-cn&FamilyID=99b21b65-e98f-4a61-b811-19912601fdc9

3) Microsoft SQL Server JDBC Driver 2.0 的安装使用

(1) 将 sqljdbc_<版本>_<语言>.exe 下载到一个临时目录，本书示例中选用的文件为 sqljdbc_2.0.1803.100_chs.exe。

(2) 运行 sqljdbc_<版本>_<语言>.exe，按照提示输入安装目录，将此 zip 文件解压缩到本地计算机的某一目录下。

(3) 在软件包解压缩之后，依次打开文件夹进入如下目录(目录内容见图 6-10)：
%InstallationDirectory%\Microsoft SQL Server JDBC Driver 2.0\sqljdbc_<版本><语言>\

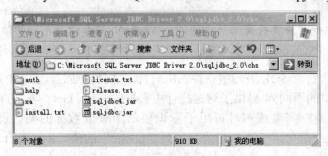

图 6-10 sqljdbc_2.0.1803.100_chs.exe 解压缩后的目录内容

其中，文件 sqljdbc4.jar 就是本书示例 6-1 要用到的 SQL Server 2000 的 JDBC 驱动程序，可以将其单独放在本地计算机的某个目录下(如本书将其放置在 D:\sqljdbc4 drivers)，以便于 JSP 项目的导入使用。关于 Microsoft SQL Server JDBC Driver 2.0 的使用可以访问 help 目录下的文件 default.htm，这样就会打开 JDBC 帮助系统，在 Web 浏览器中显示它。

提示！！！

Microsoft SQL Server JDBC Driver 2.0 在每个安装包中都包括两个 JAR 类库：sqljdbc.jar 和 sqljdbc4.jar，具体使用哪个文件取决于首选的 Java 运行时环境(JRE)设置，但必须确保仅包含一个 Microsoft SQL Server JDBC Driver，如 sqljdbc.jar 或 sqljdbc4.jar。

sqljdbc.jar 类库要求使用 5.0 版的 Java 运行时环境 (JRE)。连接到数据库时，在 JRE 6.0 上使用 sqljdbc.jar 会引发异常。

sqljdbc4.jar 类库要求使用 6.0 版或更高版本的 Java 运行时环境(JRE)。在 JRE 1.4 或 5.0 上使用 sqljdbc4.jar 会引发异常。

4) 远程连接 SQL Server 2000 服务器的方案

在应用数据库时，往往容易出现数据库连接方面的问题，读者可参照以下步骤逐一检查排除问题：

(1) ping 服务器 IP 检查能否 ping 通。首先要检测和远程 SQL Server 2000 服务器的物理连接是否存在。如果不通，就要检查网络，查看配置。

(2) 在 cmd 命令行下输入命令 "telnet 服务器 IP 端口"，检查能否连通。例如：telnet 192.168.229.1 1433，192.168.229.1 是本地 IP 地址，1433 是数据库默认端口号(1433 是 SQL

Server 2000 的对于 TCP/IP 的默认侦听端口)。如果有问题，通常的提示是"……无法打开连接，连接失败"。

如出现上述问题，可逐一检查以下选项：

> 检查远程服务器是否启动了 SQL Server 2000 服务，如果没有，则启动。
> 检查服务器端有没有启用 TCP/IP 协议，因为远程连接(通过 Internet)需要依靠这个协议。检查方法是，在服务器上选择【开始】→【程序】→【Microsoft SQL Server】→【服务器网络实用工具】选项，看启用的协议里是否有 TCP/IP 协议，如果没有，则启用它。
> 检查服务器的 TCP/IP 端口是否配置为 1433。同样是在【服务器网络实用工具】里查看启用协议中的 TCP/IP 的属性，检查端口号是否为 1433，如果不是，那么在客户端做 telnet 测试时，服务器端口号也必须与服务器配置的端口号保持一致，并且要保证复选框【隐藏服务器】没有被勾选。
> 如果服务器端操作系统打过 sp2 补丁，则要对 Windows 防火墙做一定的配置，要对它开放 1433 端口，通常在测试时可以直接关掉 Windows 防火墙(其他的防火墙也最好关掉)。
> 检查服务器是否在 1433 端口侦听。如果服务器没有在 TCP 连接的 1433 端口侦听，则连接不上。检查方法是在服务器的 cmd 命令行下面输入"netstat-a-n"或"netstat-an"，在结果列表里看是否有类似 tcp 127.0.0.1 1433 listening 的选项。如果没有，则要给 SQL Server 2000 打上 sp4 补丁(另外一种方式是在服务器端启动查询分析器，输入"select @@version"执行后可以看到 SQL Server 2000 的版本号，版本号在 8.0.2039 以下的都需要打补丁)。

如果以上都没问题，这时在 cmd 命令行窗口再做 telnet 测试，将会看到命令行窗口屏幕一闪之后光标在左上角不停闪动，这时就可以在企业管理器或查询分析器连接了。

(3) 检查客户端设置。在客户端依次选择【开始】→【程序】→【Microsoft SQL Server】→【客户端网络使用工具】选项,同在服务器网络实用工具里的操作类似,确保客户端 TCP/IP 协议启用，并且默认端口为 1433(或其他端口，与服务器端保持一致即可)。

(4) 通过查询分析器进行连接测试在查询分析器中，依次选择【文件】→【连接】选项，然后输入要连接的远程 SQL Server 服务器的 IP 地址，再输入"SQL Server 身份验证"下面的登录名和密码，单击【确定】按钮连接。默认情况下，通过查询分析器注册另外一台 SQL Server 的超时设置是 15 秒。

如果无法使用 SQL Server 的登录账户(如 sa)进行连接，那通常可能是由于 SQL Server 使用了"仅 Windows"的身份验证方式。解决方法如下：

(1) 在服务器端使用企业管理器，并且选择使用"Windows 身份验证"连接 SQL Server。

(2) 展开【SQL Server】组，右击 SQL Server 服务器的名称，在弹出的快捷菜单中选择"属性"选项，再在打开的对话框中选择【安全性】选项卡。

(3) 在【身份验证】下，选择【SQL Server 和 Windows】。

(4) 重新启动 SQL Server 服务器使更改生效。

6.4.2 其他知识补充

(1) SQL Server 2000 安装及补丁和 JDBC 驱动——百度文库(http://wenku.baidu.com/view/bb37ee2c4b73f242336c5f4a.html)。

(2) SQL Server 2000 Technical Articles(http://msdn.microsoft.com/en-us/library/ee229578(v=sql.10).aspx)。

(3) Microsoft SQL Server 2000 Books Online(http://msdn.microsoft.com/zh-cn/library/aa257103)。

(4) JDBC Overview(http://www.oracle.com/technetwork/java/overview-141217.html)。

(5) JDBC Drivers(http://devapp.sun.com/product/jdbc/drivers)。

习 题

1. 简答题

(1) 实现基本的利用 JDBC 访问数据库，必须要导入哪几个常用的 JDBC 类和接口？

(2) JDBC URL 的标准语法是怎样的？

(3) 对于 JDBC 驱动程序类库的不同导入方式，主要区别有哪些？

2. 填空题

(1) 通常情况下通过 java.lang.Class 类的方法_____加载要连接数据库的 Driver 类。

(2) JDBC 是_____的缩写。

(3) 在企业级开发领域，目前主要有三大厂商的数据库关系系统：Microsoft 公司的_____、Oracle 公司的 Oracle 和 IBM 公司的 DB2。

(4) Resulset 的_____方法可以使结果集指针指向下行数据。

(5) 使用 JSP+GlassFish Server 连接 SQL Server 数据库，需要将 SQL Server 的 JDBC 驱动添加到 GlassFish Server 的文件夹_____中。

(6) 在一个 JDBC 的驱动程序被用来建立数据库连接之前，必须向_____注册该驱动程序。

(7) 一个 JDBC 的数据库连接是用_____来标记的。

(8) 如果在 JDBC 连接数据库时要执行 SQL 语句，必须创建_____对象。

(9) 获取记录总数的 SQL 语句的关键字是_____。

(10) 执行预编译 SQL 语句需用_____声明 SQL 语句对象。

3. 选择题

(1) Microsoft 公司提供的连接 SQL Server 2000 的 JDBC 驱动程序是_____。

    A. oracle.jdbc.driver.OracleDriver

    B. sun.jdbc.odbc.JdbcOdbcDriver

    C. com.microsoft.jdbc.sqlserver.SQLServerDriver

    D. com.mysql.jdbc.Driver

(2) _____是 ResultSet 的方法。
　　A．end( )　　　B．close( )　　　C．back( )　　　D．forward( )
(3) 假设已经获得 ResultSet 对象 rs，那么获取第一行数据的语句是_____。
　　A．rs.hasNext( )　　　　　　　B．rs.next( )
　　C．rs.nextRow( )　　　　　　　D．rs.nextLine( )
(4) Statement 类提供了三种执行方法，用来执行更新操作的方法是_____。
　　A．executeQuery( )　　　　　　B．executeUpdate( )
　　C．execute( )　　　　　　　　 D．executeQuestion( )
(5) 从"员工"表的"姓名"字段中找出名字包含"海"的人，下面 Select 语句正确的是_____。
　　A．Select * from 员工 where 姓名 = '海'
　　B．Select * from 员工 where 姓名 = '%海_'
　　C．Select * from 员工 where 姓名 like '_海%'
　　D．Select * from 员工 where 姓名 like '%海%'
(6) 下述选项中不属于 JDBC 基本功能的是_____。
　　A．与数据库建立连接　　　　　B．提交 SQL 语句
　　C．处理查询结果　　　　　　　D．数据库维护管理
(7) 下列代码中 rs 为查询得到的结果集，代码运行后表格的每一行有_____个单元格。

```
while(rs.next()){
    out.print("<tr>");
    out.print("<td>"+rs.getString(1)+"</td>");
    out.print("<td>"+rs.getString(2)+"</td>");
    out.print("<td>"+rs.getString(3)+"</td>");
    out.print("<td>"+rs.getString("publish")+"</td>");
    out.print("<td>"+rs.getFloat("price")+"</td>");
    out.print("</tr>");
}
```

　　A．4　　　　　B．5　　　　　C．6　　　　　D．不确定

4．程序设计

设计一个注册页面 register.jsp，要求页面中包含输入用户姓名的文本行(user_name)、选择性别的单选按钮组(user_sex)、输入所在地的文本行(user_address)，并实现把用户提交的所有信息写入 SQL Server 中 student 数据库的 user 表的功能(利用 JDBC，user 表的三个字段名分别为 name、sex 和 address)。

5．综合案例 5

在综合案例 4 的基础上，新增以下功能：
(1) 将用户注册信息保存至数据库中，用户登录时利用数据库数据判断用户是否已注册。表自行设计。
(2) 新增后台管理页面，包括管理员登录管理、注册用户信息管理。

第 7 章

JSP 与 JavaBean

教学目标

(1) 了解 JavaBean 的主要特征和用途；
(2) 熟悉设计、使用 JavaBean 的方法；
(3) 掌握使用 JavaBean 完成数据库 SQL Server 2000 的访问和操作。

教学任务

(1) 学习设计、使用 JavaBean 的方法；
(2) 测试 JavaBean 的作用范围；
(3) 完成使用 JavaBean 对数据库 SQL Server 2000 的操作。

7.1 相关理论知识

7.1.1 JavaBean 的设计

JavaBeans 是用 Java 编写的一种可移植的、独立于平台的分布式组件模型，它有着良好的可扩展性及 Java 所具有的一切优点，如跨平台性、安全性等。我们可以直接使用他人已编写好的 JavaBean(简称 Bean)来扩充自己程序的功能，这就使得在 Java 平台上，可以连接简单的独立组件而组建成完整的应用程序。与其他模型相比较而言，JavaBeans 组件没有大小、复杂性的限制。

实际上，JavaBean 就是一个用 Java 语言编写的可重复使用的软件组件，在其中封装完成了特定功能的代码，也可以将其视为一个遵循某些规则的标准的 Java 类，它是一个公有类，其构造函数没有参数，而且对应每一个 JavaBean 属性，一般都有相应的 set( )和 get( )方法，用于设置和获取 JavaBean 的属性值。

通常情况下，可以使用 JavaBean 构建如按钮、文本框、菜单等可视化 GUI。但是随着 B/S 结构软件的流行，非可视化的 JavaBean 越来越显示出自己的优势，它们被用于在服务器端实现事务封装、数据库操作等，很好地实现了业务逻辑层和视图层的分离，使得系统具有了灵活、健壮、易维护的特点。

一个 JavaBean 由三部分组成，包括属性(property)、方法(method)和事件(event)。

1. 属性

Bean 的属性就是对象的属性。例如，一个数据库 Bean 可以有数据库地址和数据库端口号等属性，相片 Bean 可以有年份和大小等属性。每个属性通常遵守简单的方法命名规则，这样可以很方便地识别出 Bean 提供的属性，并通过查询或改变属性值，对 Bean 进行操作。同时，Bean 还可以对属性值的改变做出及时的反应。

属性用于描述 JavaBean 的状态，如大小、颜色等，在程序中的具体体现就是类中的变量，可以通过 set( )和 get( )方法设置和获取 JavaBean 的属性值。在 JavaBean 设计中，根据属性作用的不同，又可以将其划分为四种：

- 简单属性(Simple)。
- 索引属性(Indexed)。
- 关联属性(Bound)。
- 限制属性(Constrained)。

1) Simple

一个 Simple 属性表示一个伴随有一对 get/set 方法的变量，属性名与该属性相关的 get/set 方法名对应。Simple 属性可以通过 setX( )和 getX( )方法设置和获取，"X"就是属性名称。假定如果有 setX( )和 getX( )方法，则暗指有一个名为"X"的属性。同样地，如果有一个方法名为 isX，则通常暗指"X"是布尔属性(即 X 的值为 true 或 false)。例如：

```
public Color getColor();
public void setColor(Color color);
```

2) Indexed

Indexed 属性表示一个数组值，使用与该属性对应的 set/get 方法可取得数组中的数值。该属性也可一次设置或取得整个数组的值。Indexed 属性使用 set( )和 get( )方法来设置和获取属性数组中的值，访问数组有如下四种方式：

```
void setLabel(int index,String label);
String getLabel(int index);
void setLabel(String[] Labels);
String[] getLabels();
```

从上面列出的四种方式中可以看到，访问时可以对单个元素访问，也可以对整个数组进行访问。

3) Bound

Bound 属性就是指当该种属性的值发生变化时，要自动通知其他的对象。每次属性值改变时，这种属性就激活一个 PropertyChange 事件(在 Java 程序中，事件也是一个对象)，事件中封装了属性名、属性的原值、属性变化后的新值。然后，事件就会被传递到其他的 Bean 里，接收事件的 Bean 做什么动作则由其自行定义。被传递通知的是已注册的 PropertyChangeListener 对象，可以通过如下方法注册或撤销 PropertyChangeListener：

```
public void addPropertyChangeListener(PropertyChangeListener1);
public void removePropertyChangeListener(PropertyChangeListener1);
```

PropertyChangeListener 接口由下述方法实现：

```
public void PropertyChange(PropertyChangeEvent,evt );
```

4) Constrained

Constrained 属性是指在该属性发生变化时，要自动通知其他的对象，但此对象可以拒绝该属性值的改变。Constrained 属性和 Bound 属性类似，但是属性值的变化首先要被所有的监听器验证之后，值的变化才能通过 JavaBean 组件发生作用。可以用如下方法注册和撤销该特性：

```
public void addVetoableChangeListener(VetoableChangeListener v);
public void removeVetoableChangeListener(VetoableChangeListener v);
```

为了限制其他组件属性，应实现 VetoableChangeListener 接口：

```
public void VetoableChange(PropertyChangeEvent,evt);
```

2. 方法

通过 Bean 的方法，其他程序或对象可以实现与其进行交互通信的目的。由于 JavaBean 是由 Java 设计实现的，因此它严格遵守类面向对象的设计原则，不让外界访问其任何实例内部私有(private)的字段，而只能通过调用方法的途径来实现对对象属性的访问。这样，方法调用就成了 JavaBean 与外界通信的唯一途径。但是，与普通类不同的是，对有些 Bean 来说，调用实例方法的低级机制的主要途径并不是操作和使用 Bean，而是采用 Bean 的两个高级特性，即属性和事件达到交互通信的效果。

JavaBean 中的方法就是普通的 Java 方法，它可以从其他组件或脚本环境中调用。默认情况下，JavaBean 的所有公有方法都可以被外部调用。

3. 事件

事件是 Bean 与其他软件组件交流通信的最主要方式，用发送事件和接收事件的形式实现通信的目的，这与对象之间的消息通信有些相似。

事件为 JavaBean 提供了一种给其他组件发送通知的方法。JavaBean 通过事件进行消息的传递。一个事件源可以注册事件监听器对象，当事件源检测到发生了某种事件时，它将调用事件监听器对象中的一个适当的事件处理方法来处理这个事件。

7.1.2 JSP 中 JavaBean 的使用

在实际中有可能一段代码在多个不同的地址重复使用。例如，数据库的连接代码，每一个要进行数据库操作的 JSP 程序文件就都要使用数据库连接代码。如果将这段代码写入 JavaBean 中，由 JavaBean 实现数据库连接，然后再由 JSP 程序文件去调用，这就实现了代码的重用，体现了 JavaBean 的好处，即使需要修改连接数据库的类型，也只需要更改一处。

在 JSP 应用程序中应用 JavaBean 主要是通过 JSP 中的三个动作元素<jsp:useBean>、<jsp:setProperty>和<jsp:getProperty>来实现的。在本书 3.1.2 节中，已经对这几个动作元素的功能和用法做了基本的讲解，这里我们再介绍一下 JavaBean 的作用范围和一些在使用 JavaBean 的过程中需要特别注意的事项。

1. JavaBean 的作用范围

JavaBean 的作用范围也称为 JavaBean 的生命周期。一个 JavaBean 是通过<jsp:useBean>动作元素进行实例化的。和其他变量一样，Bean 实例也是有一定作用范围的，这可以由元素<jsp:useBean>中的属性"scope"进行设定。JSP 中定义了四种 Bean 的作用范围，分别是 page、request、session 和 application。

1) page

"page scope"是 JSP 默认的 JavaBean 的作用范围，被声明为"page scope"的 Bean 的生命周期是很短的，作用范围也是最小的，只能在使用<jsp:useBean>动作元素声明 Bean 的 JSP 文件及该文件中的所有静态包含文件中使用该 Bean。当页面执行完毕向客户端发回响应或转到另外一个文件时，这个 Bean 也就从内存中释放，失去了它的作用。

2) request

被声明为"request scope"的 Bean 的生命周期和 request 请求对象的生命周期是同步的。一般来说，"page scope"的 Bean 和"request scope"的 Bean 的生命周期是相同的。因为一个页面执行完毕向客户端发回响应应时，request 请求对象的生命周期也就结束了。但是有一种情况是例外的，那就是在请求的 JSP 文件中含有重定向的语句(这里所说的重定向是指服务器端实现的重定向)，一般是使用了<%jsp:forward%>动作元素的语句。当使用这种重定向时，请求对象就会被自动地转到重定向指定的文件，这样在前面文件中实例化的 Bean，仍然可以在重定向后的文件中使用。当重定向的文件执行完毕后，这个 Bean 的生命周期也就结束了。

为了在一组页面中共享一个 Bean，可以将这些页面用<jsp:forward>串接起来，这样就可以使用同一个 Bean 了。

也可以使用 request 对象访问 Bean 实例，如 request.getAttribute(beanInstanceName)。

3) session

从一个 Bean 被声明为"session scope"开始，就能和创建 Bean 的 JSP 文件在同一会话过程的任何 JSP 文件中使用这个 Bean。这个 Bean 存在于整个会话过程中，任何参加这一会话过程的 JSP 文件都能使用这个 Bean。

如果要使用一个"session scope"的 Bean，那么在创建 Bean 的 JSP 文件中就一定要在<%@page%>指令中设置属性"session=true"。

4) application

对于被声明为"application scope"的 Bean，能够在任何使用相同 application 对象的 JSP 文件中使用它。这个 Bean 存在于整个 application 对象的生存周期内。具有"application scope"的 Bean 是生命周期最长和作用范围最广的，任何文件和用户请求，都可以共享这个 Bean 实例。

2. 使用 JavaBean 过程中需要注意的事项

➤ 在使用 Bean 之前，首先使用 import 将其包含进去，如<% @ page import="package.className"%>。

➤ Java 文件与 Bean 所定义的类名一定要相同，并且对大小写敏感。

➤ Bean 中可以包含与 Bean 名字相同的构造函数，并且构造函数没有参数，用于初始化 Bean 中的属性。

➤ 属性变量是私有的，这是为了保证 Bean 的封装特性。需要定义 set( )和 get( )方法来设定和获取 Bean 的属性值。

要清楚知道 Bean 可以被放置于哪一个目录下，在 GlassFish Server 3.1.1 服务器中 JavaBean 可以放在\%GlassFishInstallationDirectory%\domains\domain1\lib\classes 目录下。

➤ 对于 Eclipse Java EE IDE for Web Developers(Version: Indigo Release)而言，最简单的方式就是将 Bean 的源程序放在默认的\%ProjectRootDirectory%\src 目录中，自动编译好的 Bean 文件会被生成在默认的\%ProjectRootDirectory%\build\classes\package 目录下，而如果对项目进行打包部署，那么打包部署后的文件会被自动输出到\%ProjectRootDirectory%\WEB-INF\ classes\package 目录下。

7.2 相关实践知识

7.2.1 JavaBean 作用范围测试

这是一个用于测试观察 JavaBean 作用范围的示例，在这个示例中主要包括实现统计累加功能的 JavaBean 和调用 JavaBean 的页面两个部分。我们通过这样一个 Java Web 项目例子来观察作用在 JavaBean 属性"scope"上的不同的值的作用效果，具体参照步骤如下。

(1) 新建一个项目名称为 7_1 的 Dynamic Web Project 应用程序。
(2) 分别新建一个名称为 ScopeTestBean.java 的类文件和一个名称为 7_1.jsp 的 JSP 文件。
(3) 打开文件 7_1.jsp，输入如示例 7-1 所示代码并保存。

示例 7-1 JavaBean 作用范围测试

7_1.jsp。

```jsp
<%@page contentType="text/html" pageEncoding="UTF-8"%>
<!DOCTYPE HTML PUBLIC "-//W3C//DTD HTML 4.01 Transitional//EN"
                 "http://www.w3.org/TR/html4/loose.dtd">
<%@ page import="java.util.*"%>
    <!--设置bean的id、类名和作用范围-->
    <jsp:useBean id="page_bean" scope="page" class="ch7.ScopeTestBean">
    </jsp:useBean>
    <jsp:useBean id="session_bean" scope="session" class="ch7.ScopeTestBean">
    </jsp:useBean>
    <jsp:useBean id="application_bean" scope="application" class="ch7.ScopeTestBean">
    </jsp:useBean>
    <%--测试bean的page、session和application的不同作用范围-->
    <%
        page_bean.increaseCount();
        session_bean.increaseCount();
        synchronized(page)
        {
            application_bean.increaseCount();
        }
    %>
<html>
  <head>
        <meta http-equiv="Content-Type" content="text/html; charset=UTF-8">
        <title>CH7-7_1.jsp</title>
  </head>
  <body>
    <TABLE width=430 border=3 align="center" cellpadding=10>
        <TD align="center">
          <strong>
          <font face="arial" size=+2>JavaBean Scope Test</font>
          </strong>
        </TD>
    </TABLE>
    <br>
    <TABLE width="454" height="294" border=3 align="center" cellpadding=2 cellspacing=0 bgcolor="#C0C0C0">
        <tr valign=baseline>
        <TD width="479" height="196">
          <p>/*********************************************</p>
            <p>* 本示例将通过在JavaBean的属性"Scope"上设置不同的值来观</p>
            <p>* 察 "page scope"、"session scope" 和 "application scope" 的作用。</p>
              <p>* 请连续刷新页面观察JavaBean Scope的效果。 </p>
```

```
              <p>* 请启动新的浏览器再观察 JavaBean Scope 的效果。</p>
              <p>****************************************/ </p></TD>
        </tr>
        <tr>
           <TD height="10">
              <div align="left">
              <h3>
                 page scope：这是第
                   <jsp:getProperty name = "page_bean" property = "count"/>
                 次请求本页面
                 </h3>
              </div></TD>
        </tr>
        <tr>
          <TD height="10"> <div align="left">
              <h3>
                 session scope：本次访问中共请求了本页面
                   <jsp:getProperty name = "session_bean" property = "count"/>次
                 </h3>
              </div></TD>
        </tr>
        <tr>
          <TD height="20">
            <h3>
              application scope：本页面一共被访问
              <%
                 synchronized(page)
                 {
              %>
                 <jsp:getProperty name = "application_bean" property = "count"/>
              <%
                 }
              %>次
              </h3></TD>
        </tr>
     </TABLE>
  </body>
</html>
```

(4) 打开文件 ScopeTestBean.java，输入如下所示代码并保存。

ScopeTestBean.java

```
package ch7;
public class ScopeTestBean {
    int count;
    //获取 count 值
    public int getCount( )
    {
       return count;
    }
```

```
    //设置count值
    public void increaseCount ( )
    {
        count++;
    }
}
```

(5) 运行示例 7-1 中的程序(见图 7-1)。
(6) 连续刷新页面,观察浏览器界面的效果(见图 7-2)。

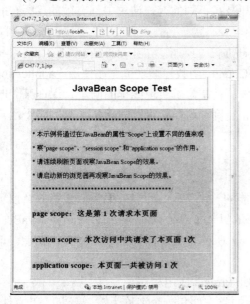
图 7-1 页面初次加载

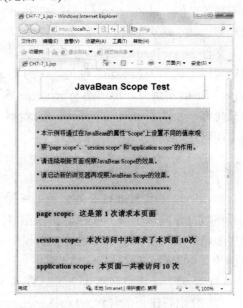
图 7-2 刷新页面后的效果

(7) 开启一个新的浏览器,再次运行示例 7-1 中的程序,观察浏览器界面的效果(见图 7-3)。

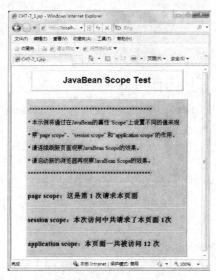
图 7-3 开启新的浏览器再次运行 7-1 示例程序的效果

在这个示例中，我们可以看到作用在 JavaBean 上的三类"scope"，即"page scope"、"session scope"、"application scope"在测试过程中产生出不同的效果，这是由三者自身的性质决定的。在图 7-1 中我们看到在页面初次被访问加载时，三者都捕获到了来自客户端的请求，但是当连续刷新页面时，可以看到如图 7-2 所示的效果，来自"page scope"Bean 实例页面的计数并没有增长，这是因为"page scope"的 Bean 实例每次在页面返回后就会终止。而当开启一个新的浏览器，再次运行示例程序时，显示出如图 7-3 所示的效果。这是因为"session scope"的 Bean 实例只在同一个会话过程中有效，每个用户的 Bean 实例是不同的，但"application scope"的 Bean 实例却是在不同的客户请求中都有效的，所有的用户都会共享这个 Bean 实例。

文件 ScopeTestBean.java 里面的代码就是实现加 1 的递增功能，而在文件 7_1.jsp 中我们则调用了这个 JavaBean，使用其中的 increaseCount( )函数递增功能。在使用"application scope"Bean 实例时，使用了 synchronized( )方法，就是为了实现线程的同步，保证某一时刻只允许一个线程访问"application scope"Bean 实例。这样就可以防止某一时刻多个用户请求同时进行加 1 操作行为的发生。

7.2.2 使用 JavaBean 访问数据库

本示例是使用 JavaBean 封装数据库操作功能的一个例子，功能效果类似于第 6 章演示的操作数据库的例子，只是这里我们采用 JavaBean 封装了对数据库一些操作，这是 JavaBean 的主要特点和优势，然后再通过 JSP 程序调用 JavaBean，实现同样的数据库操作功能。该示例的具体步骤可参照如下。

(1) 新建一个项目名称为 7_2 的 Dynamic Web Project 应用程序。
(2) 分别新建一个名称为 DataBaseBean.java 的类文件和一个名称为 7_2.jsp 的 JSP 文件。
(3) 打开文件 7_2.jsp，输入如示例 7-2 所示代码并保存。

示例 7-2 使用 JavaBean 访问数据库

7_2.jsp。

```
<%@page contentType="text/html" pageEncoding="UTF-8"%>
<!DOCTYPE HTML PUBLIC "-//W3C//DTD HTML 4.01 Transitional//EN"
                "http://www.w3.org/TR/html4/loose.dtd">
<%@page import="java.sql.*" %>
<!--设置 bean 的 id 和类名-->
   <jsp:useBean id="database" scope="page" class="ch7.DataBaseBean">
   </jsp:useBean>
<html>
  <head>
     <meta http-equiv="Content-Type" content="text/html; charset=UTF-8">
     <title>CH7-7_2.jsp</title>
  </head>
  <body>
    <h3>JavaBean 操作数据库示例</h3>
    <hr>
    <%
```

```
        //初始化jdbc驱动和数据库服务器URL地址以及登陆身份认证信息
        String DB_URL = "jdbc:sqlserver://localhost:1433;DatabaseName=pubs";
        database.openDatabase(DB_URL, "sa", "");
        try{
            //获取数据库操作执行结果集
            ResultSet rst = database.executeSQL("SELECT au_id, au_lname,au_fname,phone FROM authors");
            while( rst.next() ){
                //Retrieve by column name
                String id    = rst.getString("au_id");
                String last  = rst.getString("au_lname");
                String first = rst.getString("au_fname");
                String phone = rst.getString("phone");

                //Display values
                out.print("<B>au_id:</B>" + id);
                out.print(",<B>au_lname:</B> " + last);
                out.print(",<B>au_fname:</B>" + first);
                out.print(",<B>phone:</B>" + phone + "<br>");
            }
        }catch(Exception e){
            e.printStackTrace();
        }finally{
            try{
                database.closeDatabase();
            }catch(SQLException e){
            }
        }
    %>
    <%
      out.print("You are successful.Congratulations!");
    %>
  </body>
</html>
```

(4) 打开文件 DataBaseBean.java，输入如下所示代码并保存。
DataBaseBean.java

```
package ch7;
import java.sql.*;
public class DataBaseBean {
  // JDBC driver name
  String JDBC_DRIVER = "com.microsoft.sqlserver.jdbc.SQLServerDriver";

  Connection conn = null;
  Statement stmt = null;
  ResultSet rs = null;
```

```java
    public DataBaseBean(){
        
    }
    /**
     * 该方法打开数据库,需要给该方法提供三个参数,数据库的URL、用户名和密码
     * 打开数据库建立连接后,就可以使用executeSQL(String sql)方法对数据库执行操作
     * 并捕获 SQLException 异常
     * @param dataBaseURL String 数据库连接地址
     * @param id String 用户名
     * @param pwd String 密码
     */
    public void openDatabase(String databaseURL,String id,String pwd)throws java.sql.SQLException,java.lang.ClassNotFoundException{
        Class.forName(JDBC_DRIVER);
        conn = DriverManager.getConnection(databaseURL,id,pwd);
    }
    /**
     * 该方法执行 SQL 语句,可以是 select、insert、update、delete 等常用的 SQL 语句
     * 查询结果返回后,必须调用 void dbClose()方法来释放所有资源
     * @param sql String 类型的 SQL 查询语句
     * @return 如果执行 select 查询将返回一个 ResultSet 对象,否则返回 null
     * @exception 该方法将抛出 java.sql.SQLException 异常
     */
    public ResultSet executeSQL(String sql)throws SQLException{
        sql = sql.trim();
        stmt = conn.createStatement();
        if( sql.substring(0,1).equalsIgnoreCase("s") ){
            rs = stmt.executeQuery(sql);
            return rs;
        }else{
            stmt.executeUpdate(sql);
            return null;
        }
    }
    /**
     * 该方法关闭与数据库建立的连接,释放所有资源
     *
     * @exception 该方法将抛出 java.sql.SQLException 异常
     */
    public void closeDatabase()throws java.sql.SQLException{
        if( rs!= null ){
            rs.close();
        }
        if( stmt!= null ){
            stmt.close();
        }
```

```
        if( conn!= null ){
            conn.close();
        }
    }
}
```

(5) 运行示例 7-2 中的程序(见图 7-4)。

图 7-4 运行 7-2 示例程序

在这个示例中,我们在 DataBaseBean.java 这个类文件中封装了数据库操作的三个功能:openDatabase( )、executeSQL( )、closeDatabase( ),分别用于数据库的连接、SQL 语句的执行和数据库的关闭及资源释放。openDatabase( )的三个参数分别表示数据库的 URL、用户名和密码;executeSQL( )接收 SQL 语句作为参数,并对 SQL 语句加以判断,来决定是执行 Statement 类的 executeQuery( )方法还是 executeUpdate( )方法;closeDatabase( )则用于数据库的关闭和数据库资源的释放。

然后在文件 7_2.jsp 中,调用了 JavaBean,将数据库地址 DB_URL、用户名 sa 和空字符串密码作为参数传给了 openDatabase( )以打开数据库 pubs,接着调用 JavaBean 的 executeSQL( )方法执行了表 authors 上的数据查询,并在页面输出结果,在程序最后 finally 语句块中调用了 closeDatabase( )方法来关闭数据库和释放数据库资源。

7.3 实验安排

在顺利完成 7.1 节相关理论知识学习的基础上,按照教学任务的安排,独立完成如下两项实验内容:
(1) 测试 JavaBean 的作用范围(具体实验步骤可参照 7.2.1 节);
(2) 完成利用 JavaBean 对数据库的访问操作(具体实验步骤可参照 7.2.2 节)。

7.4 相关知识总结与拓展

7.4.1 知识网络拓展

一般情况下，服务器端获取的来自于客户端的参数值都是字符型的，为了能让这些字符串在 JavaBean 中得以正确使用，就必须将这些字符串类型转换成其他的类型，以匹配 JavaBean 中的类型。表 7-1 列出了 JavaBean 属性的类型以及它们各自对应的转换方法。

表 7-1　JavaBean 属性的类型及对应的转换方法

Property 类型	转换方法
Integer 或 int	java.lang.Integer.valueOf (String)
Float 或 float	java.lang.Float.valueOf(St ring)
Long 或 long	java.lang.Long.valueOf(String)
Double 或 double	java.lang.Double.valueOf(String)
Byte 或 byte	java.lang.Byte.valueOf(String)
Character 或 char	java.lang.Character.valueOf (String)
Boolean 或 boolean	java.lang.Boolean.valueOf (String)

7.4.2 其他知识补充

(1) Enterprise JavaBean 2.0 Specification Changes(http://www.oracle.com/technetwork/articles/javase/ejb20-136853.html)。

(2) Enterprise JavaBeans Technology(http://www.oracle.com/technetwork/java/javaee/ejb/index.html)。

(3) The JavaBeans 1.01 specification(http://www.oracle.com/technetwork/java/javase/documentation/spec-136004.html)。

(4) JavaBeans API Definitions(http://docs.oracle.com/javase/6/docs/api/java/beans/package-summary.html)。

(5) Enterprise JavaBeans 来自于 Wikipedia(http://en.wikipedia.org/wiki/Enterprise_JavaBeans)。

习　题

1．简答题

(1) 为什么要用 JavaBean 对数据库访问进行封装？

(2) 除了本章所列举的示例，还有哪些应用适合采用 JavaBean？

(3) 在设计开发 JavaBean 过程中，需要特别注意的问题有哪些？

2．填空题

(1) 通常应用动作标识_____可以在 JSP 页面中创建一个 Bean 实例，并且通过属性的设置可以将该实例存储到 JSP 中的指定范围内。

(2) JavaBean 是一种_____。

(3) JavaBean 的生命周期，需要通过属性_____设置。

(4) <jsp:useBean>动作用来装载一个将在 JSP 页面中使用的_____。

(5) 定义 JavaBean 时应把 Bean 类权限设为_____。

(6) 编译生成的 JavaBean 需要连同所在的包放置在文件夹_____下。

(7) 使用 Bean 首先要在 JSP 页面中使用_____指令将 Bean 引入。

3．选择题

(1) 以下有关 jsp:setProperty 和 jsp:getProperty 标记的描述，正确的是_____。
  A．<jsp:setProperty>和<jsp：getProperty>标记都必须在<jsp:useBean>的开始标记和结束标记之间
  B．这两个标记 name 属性的值和<jsp:useBean>标记的 id 属性的值可以不一样
  C．<jsp:setProperty>和<jsp:getProperty>标记可以不在<jsp:useBean>的开始标记和结束标记之间
  D．这两个标记的 name 属性的值可以和<jsp:useBean>标记的 id 属性的值不同

(2) <jsp:useBean>声明对象的默认有效范围为_____。
  A．page B．session C．application D．request

(3) 如下代码：

```
<jsp:useBean id="user" scope="_____" type="com.UserBean"/>
```

要使 user 对象一直存在于对话中，直至其终止或被删除为止，下划线应填入_____。
  A．page B．request C．session D．Application

(4) 在 JSP 中调用 JavaBean 时不会用到的标记是_____。
  A．<javabean>   B．<jsp:useBean>
  C．<jsp:setProperty> D．<jsp:getProperty>

(5) 下列关于 JavaBean 的说法正确的是_____。
  A．Java 文件与 Bean 所定义的类名可以不同，但一定要注意区分字母的大小写
  B．在 JSP 文件中引用 Bean，其实就是用<jsp:useBean>语句
  C．被引用的 Bean 文件的文件扩展名为.java
  D．Bean 文件放在任何目录下都可以被引用

(6) 在标记<jsp:useBean id="bean的名称" scope="bean的有效范围" class="包名.类名"/>中，scope 的值不可以是_____。
  A．page B．request C．session D．response

4. 程序设计

写一个 JavaBean，内部封装一个函数，具有计算 1+2+⋯+n 的功能(n 是外部传入的一个整数)，函数能够返回计算结果。

(1) 写出完整的 JavaBean 代码。

(2) 在 JSP 中调用此 JavaBean，完成 1+2+⋯+100 的计算。

(3) 在 JSP 页面中输出计算结果。

5. 综合案例 6

在综合案例 5 的基础上，对用户注册和登录加入 JavaBean 功能，并比较与之前的实现的不同之处。

第 8 章

JSP 的文件操作

教学目标

(1) 了解文件操作的常用类及流、字符等相关文件操作概念;
(2) 熟悉 JSP 文件操作的常用方法;
(3) 掌握使用 JSP 实现常用的文件操作功能。

教学任务

(1) 学习使用各种文件处理的 API;
(2) 实现 JSP 对文件的操作。

8.1 相关理论知识

8.1.1 文件和目录的基本操作

1. 取得虚拟目录对应的磁盘路径

在进行文件操作时,经常需要知道某个 JSP 网页所在的磁盘路径。可调用 request 对象的 getRealPath( )方法获取虚拟目录对应的磁盘路径。其语法如下:

```
request.getRealPath ("服务端路径");
```

其中,服务端路径可使用相对或绝对路径方式,指定要取得实际磁盘路径的位置。该方法返回值为一字符串,此字符串是对应的真实磁盘路径。

2. File 文件操作对象

在 JSP 网页中,使用 Java 的 File 对象来进行文件操作。利用这个对象,可以在服务端计算机上,执行文件或目录的建立、删除、更新及重命名等操作。

要使用 File 对象,首先利用下面的语法建立 File 对象:

```
File  File对象变量=new File ("路径","文件名称");
File  File对象变量=new File ("路径");
```

这两条语法分别创建代表文件的 File 对象和代表目录的文件对象。完成 File 对象的创建之后,就可以在程序中使用该对象进行文件的操作。

提示!!!
File 对象所代表的文件,可以是一个目前并不存在于磁盘中的文件。

3. 文件的创建、检查与删除

1) 创建文件

如果要在服务器端创建新文件,首先应该创建代表该文件的 File 对象,然后调用 File 对象的 createNewFile( )方法,完成文件的创建。其语法如下:

```
File对象变量.createNewFile ();
```

如果文件正常创建,则该方法返回 true;反之,则返回 false。

2) 创建目录

如果要在服务器端创建新目录,则首先应该创建代表该目录的 File 对象,然后调用 File 对象的 mkdir( )方法,完成目录的创建。其语法如下:

```
File对象变量.mkdir();
```

如果目录正常创建,则该方法返回 true;反之,则返回 false。

3) 删除文件、目录

删除已存在于服务器端的文件或目录，需使用 File 对象的 delete( )方法。其语法如下：

```
File 对象变量.delete ();
```

如果完成文件或目录的删除，则该方法返回 true；反之，则返回 false。

4) 检查文件目录是否存在

使用 File 对象的 exists 方法，可以检查文件或目录是否存在。其语法如下：

```
File 对象变量.exists ();
```

如果文件或目录存在，则该方法返回 true；反之，则返回 false。

4. 文件属性

除了可以通过 File 对象操作磁盘中的文件外，还可以利用 File 对象的方法，取得文件属性。表 8-1 列出了 File 对象用于取得文件属性的方法。

表 8-1 File 对象用于获取文件属性的方法

方法	说明
getName( )	取得文件名称
length( )	取得文件长度
isFile( )	是否为文件，是则返回 true
isDirectory( )	是否为目录，是则返回 true
canRead( )	是否可读取，是则返回 true
canWrite( )	是否可写入，是则返回 true
isHidden	是否为隐藏文件，是则返回 true
lastModified	距离 1970 年 1 月 1 日午夜的毫秒数

5. 取得目录中的文件

要取得某个目录中的所有文件，必须先创建代表该目录的 File 对象，然后调用 listFiles( )方法。该办法将返回一个 File 对象数组，数组中的 File 对象即代表目录下的所有文件。其语法如下：

```
File 对象变量.listFiles();
```

8.1.2 Java 中文件处理的相关类

1. 流层次结构

Java 中的字节流和字符流，分别由四个抽象类来表示，它们是基本的抽象类 InputStream、OutputStream、Reader 和 Writer。前两个是字节流，后两个是字符流，Java 中其他流均是由它们派生出来的。java 流的层次结构如图 8-1 所示(所有的子类没有全都罗列出来)。

java.io.**InputStream**
  java.io.**ByteArrayInputStream**
  java.io.**FileInputStream**
  java.io.**FilterInputStream**
    java.io.**BufferedInputStream**
    java.io.**DataInputStream**
    java.io.**LineNumberInputStream**
    java.io.**PushbackInputStream**
java.io.**OutputStream**
  java.io.**ByteArrayOutputStream**
  java.io.**FileOutputStream**
  java.io.**FilterOutputStream**
    java.io.**BufferedOutputStream**
    java.io.**DataOutputStream**
  java.io.**PrintStream**
  java.io.**PipedOutputStream**
java.io.**Reader**
  java.io.**BufferedReader**
    java.io.**LineNumberReader**
  java.io.**CharArrayReader**
  java.io.**FilterReader**
    java.io.**PushbackReader**
  java.io.**InputStreamReader**
    java.io.**FileReader**
  java.io.**PipedReader**
  java.io.**StringReader**
java.lang.**Throwable**
  java.lang.**Error**
    java.io.**IOError**
  java.lang.**Exception**
    java.io.**IOException**
      java.io.**CharConversionException**
      java.io.**EOFException**
      java.io.**FileNotFoundException**
      java.io.**InterruptedIOException**
      java.io.**ObjectStreamException**

图 8-1 java 流的层次结构

java.io.**InvalidClassException**
java.io.**InvalidObjectException**
java.io.**NotActiveException**
java.io.**NotSerializableException**
java.io.**OptionalDataException**
java.io.**StreamCorruptedException**
java.io.**WriteAbortedException**
java.io.**SyncFailedException**
java.io.**UnsupportedEncodingException**
java.io.**UTFDataFormatException**

java.io.**Writer**
    java.io.**BufferedWriter**
    java.io.**CharArrayWriter**
    java.io.**FilterWriter**
    java.io.**OutputStreamWriter**
        java.io.**FileWriter**
    java.io.**PipedWriter**
    java.io.**PrintWriter**
    java.io.**StringWriter**

图 8-1　java 流的层次结构(续)

上述五个大类中，除了 Throwable 都是抽象类，不能创建对象，必须通过其子类(非抽象类)进行实例化。

InputStream 类和 OutputStream 类的子类主要处理字节流，即读取和写入的单位是字节。因为一个字节是 8 位二进制位，所以一次读写的数据长度只能是字节长度的整数倍。无论是 Windows 操作系统还是 UNIX 操作系统，除了文本(字符)外，都是采用字节的形式来存放数据的，因此，只要处理的数据不是字符数据，都可以使用这种基于二进制的数据流技术进行处理。

从 InputStream 类和 OutputStream 类派生的子类主要如下：

InputStream	OutputStream
FileInputStream	FileOutputStream
PipedInputStream	PipedOutputStream
ByteArrayInputStream	ByteArrayOutputStream
FilterInputStream	FilterOutputStream
DataInputStream	DataOutputStream
BufferedInputStream	BufferedOutputStream

Reader 和 Writer 则是处理字符的，一个字符占据空间的大小，由所采用的编码规则来决定。如果采用 ASCII 编码，通常是占用一个字节的存储空间。它们一次读写的数据长度通常就是单个字符。而采用 Unicode 编码，则一个字符占用两个字节，即 16 个二进制位。

Java 通常采用 Unicode 编码，所以，它的一次字符处理单元长度是两个字节，也就是一次双字节的字符访问操作。

从 Reader 类和 Writer 类派生的子类主要如下：

Reader	**Writer**
InputStreamReader	OutputStreamWriter
FileReader	FileWriter
CharArrayReader	CharArrayWriter
PipedReader	PipedWriter
FilterReader	FilterWriter
BufferedReader	BufferedWriter
StringReader	StringWriter

InputStream 和 Reader 定义了完全相同的接口，它们分别如下：

```
int read()
int read(char cbuf[])
int read(char cbuf[], int offset, int length)
```

OutputStream 和 Writer 也是如此：

```
int write(int c)
int write(char cbuf[])
int write(char cbuf[], int offset, int length)
```

这六个方法都是最基本的方法，read( )和 write( )通过方法的重载来读写一个字节或者一个字节数组。

2．字节流的常用方法

1) InputStream 类的常用方法

- public abstract int read( )：读取一个 byte 的数据，返回值是高位补 0 的 int 类型值。
- public int read(byte b[ ])：读取 b.length 个字节的数据放到 b 数组中，返回值是读取的字节数。
- public int read(byte b[ ], int off, int len)：从输入流中最多读取 len 个字节的数据，并存放到偏移量为 off 的 b 数组中。
- public int available( )：返回输入流中可以读取的字节数。注意：若输入阻塞，当前线程将被挂起。
- public long skip(long n)：忽略输入流中的 n 个字节，返回值是实际忽略的字节数。
- public void close( )：关闭输入流。

2) OutputStream 类的常用方法

- public void write(byte b[ ])：将参数 b 中的字节写到输出流。
- public void write(byte b[ ], int off, int len)：将参数 b 的从偏移量 off 开始的 len 个字节写到输出流。
- public abstract void write(int b)：先将 int 转换为 byte 类型，把低字节写入到输出流中。

- public void flush( )：将数据缓冲区中的数据全部输出，并清空缓冲区。
- public void close( )：关闭输出流并释放与流相关的系统资源。

提示！！！

System 类中 in 为 InputStream 类型，而 out 为 PrintStream。PrintStream 是 FilterOutputStream 的子类，而 FilterOutputStream 又是 OutputStream 的子类。

3．字符流的常用方法

最基本的字符输入/输出流是 Reader 类(字符输入流)和 Writer 类(字符输出流)，它们相当于 InputStream 类和 OutputStream 类。这两个类也都是抽象类，不能直接使用，但它们提供了最基本的基于字符的数据输入和输出处理方法，所有子类都继承了这些方法。

Reader 类的基本方法包括四大类：输入数据流校验方法、输入数据流读取方法、输入数据流回滚支持和输入数据流控制。其最基本的仍然是 read( )和 write( )方法。

1) Reader 类的主要成员
- void close( )：关闭流。
- void mark(int readAheadLimit)：流当前的位置。
- boolean markSupported( )。
- int read( )。
- int read(char[ ] cbuf)。
- int read(char[ ] cbuf，int off，int len)。
- boolean ready( )：指示是否准备好读取该项字符流。
- void reset( )：重置读取指针。
- long skip(long n) ：跳过 n 个字符。

2) Writer 类的主要成员
- void close( )：关闭流。
- void flush( )：刷新流。
- void write(char[ ] cbuf)。
- void write(char[ ] cbuf，int off，int len)。
- void write(int c)。
- void write(String str)。
- void write(String str，int off，int len)。

Java 字符处理的基本单位是双字节，这就需要提供方便字节流和字符流之间转换的类。在 java.io 包中，提供了 InputStreamReader 类(继承自 Reader 类)和 OutputStreamWriter 类(继承自 Writer 类)，它们分别用来连接字节流 IputStream 和 OutputStream 对象，实现字节流和字符流之间的转换。例如，使用 FileInputStream 和 FileOutputStream 流对象读取中文的文本文件时，在屏幕上将不能正确显示，将它们接上 InputStreamReader 和 OutputStreamWriter 后，才能将字节流转换为字符流并正确显示在屏幕上。

4. DataInputStream 类和 DataOutputStream 类

DataInputStream 类对象可以读取各种类型的数据，而 DataOutputStream 类对象可以写各种类型的数据。

创建这两类对象时，必须使新建立的对象指向构造函数中的参数对象。例如：

```
FileInputStream in=new FileInputStream("d:\abc.txt");
DataInputStream  din=new DataInputStream(in);
```

1) DataInputStream 类的常用方法
- public final int skipBytes(long n)：跳过输入流中 n 个字节的数据。
- public final byte readByte( )：从输入流中读取一个字节的数据。
- public final char readChar( )：从输入流中读取一字符的数据。
- public final int readInt( )：从输入流中读取四字节的数据。
- public final long readLong( )：从输入流中读取八字节的数据。
- public final String readLine( )：从数据输入流中读取一行，并且包括换行符。
- public final void readFully(byte b[ ])：从数据输入流中读取 b.length 个字节的数据，读到 b 数组中。

2) DataOutputStream 类的常用方法
- public final int size( )：返回写到输出流中的字节数。
- public final void writeBytes(String s)：将字符串 s 中的字符写到输出流中，写时忽略高八位。
- public final void writeChars(String s)：将字符串 s 中的字符写到输出流中。
- public final void writeInt(int v)：将参数 v 按四个字节的形式写到输出流中。

5. RandomAccessFile 类

RandomAccessFile 类实现了 DataOutput 和 DataInput 接口，可用来读写各种数据类型。它有两个构造函数：
- public RandomAccessFile(String name，String mode)。
- public RandomAccessFile(File file，String mode)。

mode 的取值只能为 "r" 或 "rw"，若是其他模式则抛出异常 IllegalArgumentException。

8.2 相关实践知识

文件操作是 JSP 应用程序的重要内容之一，Java 为文件操作提供了很多有用的类库和方法，本示例将演示 JSP 中一些常用的文件操作是如何实现的。示例中共用到了六个 JSP 文件，分别用来实现目录的新建和删除、文件的新建和删除、目录文件列表的显示、文件内容的写入和读取等操作。基于 JSP 下操作文件的这些方法，再进一步扩展出更为丰富的文件操作功能就比较容易。该示例的具体步骤可参照如下。

(1) 新建一个项目名称为 8_1 的 Dynanic Web Project 应用程序。

(2) 新建六个 JSP 文件，名称分别为 8_1.jsp、mkdir.jsp、createnewfile.jsp、listfiles.jsp、readfile.jsp 和 writefile.jsp。

(3) 打开文件 8_1.jsp，输入如示例 8-1 所示的代码并保存。

示例 8-1 JSP 常用的文件操作。

8_1.jsp

```
<%@page contentType="text/html" pageEncoding="UTF-8"%>
<!DOCTYPE HTML PUBLIC "-//W3C//DTD HTML 4.01 Transitional//EN"
                "http://www.w3.org/TR/html4/loose.dtd">
<html>
   <head>
      <meta http-equiv="Content-Type" content="text/html; charset=UTF-8">
      <title>CH8-8_1.jsp</title>
   </head>
   <body>
       <TABLE width=430 border=3 align="center" cellpadding=10>
          <TD align="center">
          <strong>
          <font face="arial" size=+2>JSP 文件操作示例</font></strong></TD>
       </TABLE>
       <br>
       <TABLE width="616" height="317" border=3 align="center" cellpadding=2 cellspacing=0 bgcolor="#C0C0C0">
          <tr valign=baseline>
            <TD height="65">
              <a href="mkdir.jsp">目录的新建与删除</a><br>
              *******************************************<br>
      * 在当前文件所在目录下判断目录 testdir 是否存在，如果不存在就执行新建目录 testdir 操作；如果存在则执行删除目录 testdir 操作。</TD>
          </tr>
          <tr>
            <TD height="51">              <div align="left">
              <a href="createnewfile.jsp">文件的新建与删除</a> <br>
              *********************************************  <br>
       * 在当前文件所在目录下判断文件 File.txt 是否存在，如果不存在就执行新建文件 File.txt 操作，如果存在则执行删除文件 File.txt 操作。</div></TD>
          </tr>
          <tr>
            <TD height="20"><a href="listfiles.jsp">显示文件夹下的文件</a><br>
              ***********************************************  <br>
       *  显示当前文件所在目录下文件列表。</TD>
          </tr>
          <tr>
            <TD height="50"><a href="writefile.jsp">写入文件内容</a><br>
              ***********************************************  <br>
       *  在当前文件所在目录下对文件 File.txt 执行文字内容的写入操作。</TD>
```

```
            </tr>
            <tr>
                <TD height="51"><a href="readfile.jsp">读取文件内容</a> <br>
                ****************************************** <br>
                * 采用 read()和 readLine()两种方法在当前文件所在目录下对文件 File.txt
执行文字内容的读取操作。该项操作需要目录下存在文件 File.txt,否则会出现文件找不到错误。</TD>
            </tr>
        </TABLE>
    </body>
</html>
```

(4) 打开文件 mkdir.jsp，输入如下所示代码并保存。

mkdir.jsp

```
<%@ page language="java" contentType="text/html; charset=UTF-8"%>
<!DOCTYPE html PUBLIC "-//W3C//DTD HTML 4.01 Transitional//EN" "http://www.w3.org/TR/html4/loose.dtd">
<%@ page import="java.io.*" %>
<html>
    <head>
        <meta http-equiv="Content-Type" content="text/html; charset=UTF-8">
        <title>CH8-mkdir.jsp</title>
    </head>
    <body>
        <a href="8_1.jsp">返回</a>
        <h3>目录的新建与删除示例演示结果</h3>
        <hr>
        <%
            try{
                String path = request.getRealPath("");    //返回虚拟路径对应的真实路径
                String subPath = path+"\\"+"testdir";
                File ml = new File(subPath);
                if(ml.exists())
                {
                    ml.delete();
                    out.println("在路径"+path+"下, " + "文件夹testdir已经被删除!");
                }
                else
                {
                    ml.mkdir();
                    out.println("在路径"+path+"下, " + "文件夹testdir创建成功!");
                }
            }catch(Exception e){
                out.println(e.toString());
            }
        %>
    </body>
</html>
```

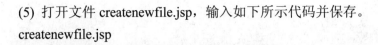

(5) 打开文件 createnewfile.jsp，输入如下所示代码并保存。

createnewfile.jsp

```jsp
<%@ page language="java" contentType="text/html; charset=UTF-8"%>
<!DOCTYPE html PUBLIC "-//W3C//DTD HTML 4.01 Transitional//EN" "http://www.w3.org/TR/html4/loose.dtd">
<%@ page import="java.io.*" %>
<html>
    <head>
        <meta http-equiv="Content-Type" content="text/html; charset=UTF-8">
        <title>CH8-createnewfile.jsp</title>
    </head>
    <body>
        <a href="8_1.jsp">返回</a>
        <h3>文件的新建与删除示例演示结果</h3>
        <hr>
        <%
            try{
                String path = request.getRealPath("");
                File fileName = new File(path, "File.txt");
                if(fileName.exists())
                {
                    fileName.delete();
                    out.println("在路径"+path+"下, " + "文件File.txt 文件已经被删除!");
                }
                else
                {
                    fileName.createNewFile();
                    out.println("在路径"+path+"下, " + "文件File.txt 创建成功!");
                }
            }catch(Exception e){
                out.println(e.toString());
            }
        %>
    </body>
</html>
```

(6) 打开文件 listfiles.jsp，输入下所示代码并保存。

listfiles.jsp

```jsp
<%@ page language="java" contentType="text/html; charset=UTF-8"%>
<!DOCTYPE html PUBLIC "-//W3C//DTD HTML 4.01 Transitional//EN" "http://www.w3.org/TR/html4/loose.dtd">
<%@ page import="java.io.*" %>
<html>
<head>
<meta http-equiv="Content-Type" content="text/html; charset=UTF-8">
```

```
    <title>CH8-listfiles.jsp</title>
</head>
<body>
  <a href="8_1.jsp">返回</a>
        <h3>显示文件夹下的文件示例演示结果</h3>
        <hr>
            <%
            try{
                String path=request.getRealPath("");
                File fl=new File(path);
                File list[]=fl.listFiles();
                out.println("路径"+path+"下的文件列表:<br>");
                //迭代循环显示目录下文件
                for(int i=0; i < list.length; i++)
                {
                    out.println(list[i].getName()+"<br>");
                }
            }catch(Exception e){
                out.println(e.toString());
            }
        %>
</body>
</html>
```

(7) 打开文件 readfile.jsp，输入下所示代码并保存。

readfile.jsp

```
<%@ page language="java" contentType="text/html; charset=UTF-8"%>
<!DOCTYPE html PUBLIC "-//W3C//DTD HTML 4.01 Transitional//EN" "http://www.w3.org/TR/html4/loose.dtd">
<%@ page import="java.io.*" %>
<html>
<head>
<meta http-equiv="Content-Type" content="text/html; charset=UTF-8">
<title>CH8-readfile.jsp</title>
</head>
<body>
 <a href="8_1.jsp">返回</a>
        <h3>读取文件的内容示例演示结果</h3>
        <hr>
            <%
            try{
                //使用 read()方法读取文件
                out.print("<B>----------使用 read()方法读取文件</B>"+"<br><br>");
                String path = request.getRealPath("");
                FileReader fr = new FileReader(path +"\\"+ "File.txt");
```

```java
                    //单个字节方式读取
                    int c = fr.read();
                    while(c != -1)              //判断是否已读到文件的结尾
                    {
                        out.print((char)c);     //输出读取到的数据
                        c = fr.read();          //从文件中读取数据
                        if(c == 13)             //判断是否为断行字节
                        {
                            out.print("<br>");  //输出分行标签
                            fr.skip(1);         //略过一个字节
                            c = fr.read();      //读取一个字节
                        }
                    }
                    fr.close();
                    out.print("<br><br>"+"<B>----------使用 readLine()方法读取文件</B>"+"<br><br>");
                    //使用 readLine()方法读取文件
                    FileReader fr1 = new FileReader(path +"\\"+ "File.txt");
                    BufferedReader br = new BufferedReader(fr1);
                    String br1 = br.readLine();
                    if(br1==null){
                        out.print("null");
                    }
                    while(br1!=null)
                    {
                        out.println(br1+"<br>");
                        br1 = br.readLine();
                    }
                    br.close();
                    fr1.close();
                }catch(Exception e){
                    out.println(e.toString());
                }
            %>
        </body>
</html>
```

(8) 打开文件 writefile.jsp，输入如下所示代码并保存。

writefile.jsp

```
<%@ page language="java" contentType="text/html; charset=UTF-8"%>
<!DOCTYPE html PUBLIC "-//W3C//DTD HTML 4.01 Transitional//EN" "http://www.w3.org/TR/html4/loose.dtd">
<%@ page import="java.io.*" %>
<html>
<head>
```

```html
<meta http-equiv="Content-Type" content="text/html; charset=UTF-8">
<title>CH8-writefile.jsp</title>
</head>
<body>
 <a href="8_1.jsp">返回</a>
        <h3>写入文件的内容示例演示结果</h3>
        <hr>
            <%
            try{
                String path = request.getRealPath("");
                FileWriter fw = new FileWriter(path +"\\"+"File.txt");
                fw.write("Hello,welcome to JSP!");
                fw.write("希望本示例在JSP的文件操作上能给大家提供帮助!");
                fw.close();
                out.println("文件内容写入成功,可返回执行读取文件内容查阅。");
            }catch(Exception e){
                out.println(e.toString());
            }
          %>
</body>
</html>
```

(9) 运行示例 8-1 中的程序(见图 8-2)。

(10) 单击【目录的新建与删除】链接，执行相关操作(见图 8-3)。

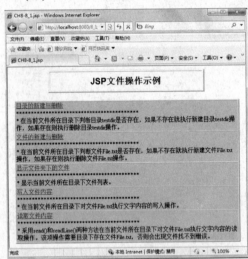

图 8-2　运行示例 8-1 中的程序

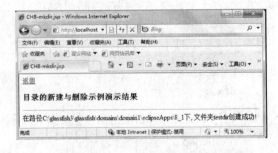

图 8-3　执行【目录的新建与删除】操作

(11) 单击【文件的新建与删除】链接，执行相关操作(见图 8-4)。

(12) 单击【显示文件夹下的文件】链接，执行相关操作(见图 8-5)。

第 8 章　JSP 的文件操作

图 8-4　执行【文件的新建与删除】操作

图 8-5　执行【显示文件夹下的文件】操作

(13) 单击【写入文件内容】链接，执行相关操作(见图 8-6)。
(14) 单击【读取文件内容】链接，执行相关操作(见图 8-7)。

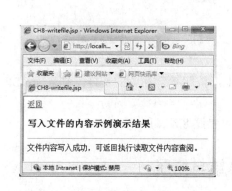

图 8-6　执行【写入文件内容】操作

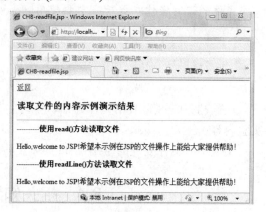

图 8-7　执行【读取文件内容】操作

提示！！！

第十二步中的【显示文件夹下的文件】操作可以在任何一个步骤前后执行，以方便查阅其他操作的执行情况。

文件 mkdir.jsp 中的程序首先要导入 java.io 包，才能声明一个 File 类的对象 ml，这里 ml 是目录，指向%当前运行文件的绝对路径%\ testdir 目录，request.getRealPath("")就是取得当前运行文件在服务器上的绝对路径，如果要取得当前站点的根目录则应该使用 request.getRealPath("/") 。"\\"是一个转义字符串，输出为一个反斜杠"\"。通过 File 类的 exists( )方法判断 ml 指向的目录是否存在，如果存在执行 delete( )删除操作，不存在则执行 mkdir( )操作。

文件 createnewfile.jsp 中的程序完成的操作与 mkdir.jsp 的相似，只是 File 类的对象 fileName 指向了一个文件，而不是目录，而且在 File 类实例化时使用了一个具有两个参数的构造函数，两个参数分别代表文件所在路径和文件本身。

文件 listfiles.jsp 程序中的 File 类的对象 f1 是个目录，listFiles( )方法返回的是 File 类型的数组。程序用 file[ ]接收返回的数组，用一个 for 循环列出文件夹和文件的名称。

文件 writefile.jsp 程序使用了 FileWriter 类的 write( )方法向指定文件里写入文件内容，Java 中的字节流不能直接操作 Unicode 字符，要想直接操作字符输入/输出要使用字符输入/输出类。字符流层次结构的顶层是 Reader 和 Writer 抽象类。示例中 FileWriter 创建了一个可以写文件的 Writer 类对象。

文件 readfile.jsp 程序中 FileReader 类创建了一个可以读取文件内容的 Reader 类对象，并分别用 FileReader 对象 fr 的 read( )方法和 BufferedReader 对象 br 的 readLine( )方法实现对指定文件内容的读取。在 JSP 中，文件数据是通过建立一个 FileReader 对象来读取的，FileReader 对象的 read( )方法用来逐个字符的读取数据；而文件中以行为单位进行的数据读取是通过建立一个 BufferedReader 对象实现的，BufferedReader 对象的 readLine( )方法用来读取文件中的整行字符。如果文件中没有数据或读到文件的末尾时，read( )方法返回的是-1，而 readLine( )方法返回的则是 null。

提示！！！
文件的读写操作在最后一定要使用 close( )方法关闭 Reader 对象和 Writer 对象。

8.3 实 验 安 排

在顺利完成 8.1 节相关理论知识学习的基础上，按照教学任务的安排，独立完成如下实验内容：
实现 JSP 文件处理的常用操作(具体实验步骤可参照 8.2 节)。

8.4 相关知识总结与拓展

8.4.1 知识网络拓展

所有的 ASCII 码都可以用"\"加数字(一般是八进制数字)来表示。例如，C 语言中定义了一些字母前加"\"来表示常见的那些不能显示的 ASCII 字符，如\0、\t、\n 等，这些称为转义字符，其后面的字符都不是它本来的 ASCII 字符含义。

转义字符串(Escape Sequence)也被称为字符实体(Character Entity)。所有编程语言都有转义字符串，使用转义字符的原因有两个：一个是使用转义字符来表示字符集中定义的字符，如 ASCII 里面的控制字符及回车换行等字符，这些字符都没有现成的文字代号，所以只能用转义字符来表示；另一个是某些特定的字符在编程语言中被定义为特殊用途的字符，这些字符由于被定义为特殊用途，它们失去了原有的意义，如"<"和">"这类符号已经用来表示 HTML 标签，因此就不能直接当作文本中的符号来使用。为了在 HTML 文档中使用这些符号，需要定义它的转义字符串，当解释程序遇到这类字符串时就把它解释为真实的字符。在输入转义字符串时，要严格遵守字母大小写的规则。

提示！！！

在网页程序中，如果直接在双引号之间输入路径，其中的"\"及其之后的文本易被误认为转义字符。为避免这一点，只需在字符串的引号前加"@"符号(不包括外侧引号)，如 @ "e:\ch8\test.jsp"。

表 8-2 列出了 JSP 中一些常见的转义字符串。

表 8-2　JSP 中常见的转义字符串

转义字符串	说　明
\\	反斜杠(\u005c)
\t	水平制表符(\u0009)
\'	单引号(\u0027)
\"	双引号(\u0022)
\f	换页(\u000c)
\r	换行(\u000d)
\b	空格(\u0008)
\n	回车(\u000a)

8.4.2　其他知识补充

1) File API:Writer——W3C(http://www.w3.org/TR/file-writer-api/)。
2) File API——W3C(http://www.w3.org/TR/FileAPI/)。

习　题

1. 简答题

(1) JSP 读取文件的方式主要有哪几种？它们之间的区别是什么？

(2) BufferedReader 类的 readLine( )方法和 FileReader 类的 read( )方法有什么区别？

(3) 使用完的 Reader 对象和 Writer 对象必须要关闭吗？为什么？

2. 填空题

(1) JSP 中通过虚拟目录获取真实的物理目录可以使用对象_____中的_____方法。

(2) 一般的输入/输出是通过_____和_____类实现的。

(3) 类_____是以字符方式读取文件内容的。

(4) Java 中的字节流和字符流分别由四个抽象类来表示，它们是_____、_____、_____和_____。

(5) JSP 中实现换行回车的转义字符串是_____。

3. 选择题

(1) java.io.File 对象的_____方法可以新建一个文件。

　　A．delete( )　　　　　　　　　B．createFile( )
　　C．mkdir( )　　　　　　　　　D．createNewFile( )

(2) JSP 中要求删除所有 test 目录中的文件，但是保留文件夹，下列代码中适合空缺位置的选项为_____。

```
String path=request.getRealPath("test");
File fp1=new File(path);
File[] files=fp1.listFiles();
for(int i=0;i<files.length;i++){
    if(_____){
        files[i].delete();
    }
}
```

　　A．files[i].isFile( )　　　　　　B．files[i].isDirectory( )
　　C．!files[i].isFile( )　　　　　　D．! files[i].isDirectory( )

(3) 可以正确获取当前 Web 程序物理路径的方法为_____。

　　A．request.getRealPath("/")　　　B．request.getFile("/")
　　C．response.getRealPath("/")　　D．response.getFile("/")

(4) 从文件中读取数据是由 read( )方法来实现的，可以实现从输入流中读取一个字节的是_____。

　　A．read( )　　　　　　　　　　B．read(byte[ ]b)
　　C．read(byte[ ]b,int off,int len)　　D．readline( )

(5) 不是 InputStream 类中的方法的是_____。

　　A．int read(byte[ ])　　　　　　B．void flush( )
　　C．void close( )　　　　　　　D．int available( )

(6) 构造 BufferedInputStream 的合适参数是_____。

　　A．BufferedInputStream　　　　B．BufferedOutputStream
　　C．File　　　　　　　　　　　D．FileOuterStream

(7) 下面的代码片段执行后，文件中写入的字符串是_____。

```
String filesMess="abcdef";
FileOutputStream outf=new FileOutputStream(fileName);
BufferedOutputStream bufferout=new BufferedOutputStream(outf);
byte b[]=this.filesMess.getBytes();
bufferout.write(b);
bufferout.flush();
bufferout.close();
outf.close();
```

A．"filesMess" B．"abcdef"
C．"b" D．不确定

4. 程序设计

设计一个 JSP 程序，要求从键盘输入十名考生信息(包括学号、姓名、考试成绩)存入文件 file1.dat 中，然后从 file1.dat 中找出不及格的学生，把他们的信息存入 file2.dat 中，并统计不及格学生的人数。

5. 综合案例 7

在综合案例 6 的基础上，实现在用户注册信息中添加个人照片的功能，登录成功后在"我的首页"展示该照片。

第 9 章

Servlet 技术

教学目标

(1) 了解 Servlet 的基本特征；
(2) 熟悉设计、使用 Servlet 的方法；
(3) 掌握使用 Servlet 实现用户登录信息验证的功能。

教学任务

(1) 学习设计、使用 Servlet 的方法；
(2) 使用 Web 配置文件进行 Servlet 配置；
(3) 完成使用 Servlet 对用户登录信息验证的功能。

9.1 相关理论知识

9.1.1 Servlet 基础

Servlet(Java 小服务器程序)是一种独立于平台和协议的服务器端的 Java 应用程序，能够提供 request/response 类型服务的功能，并生成动态的 Web 页面，使得 Java 得以提供 Web 服务。例如，当客户端向一个 Servlet 提交 HTML 表单，Servlet 接受到 request 信息，实现相应的业务逻辑，并实现数据库的更新。这与传统的从命令行启动的 Java 应用程序不同，因为 Servlet 是位于 Web 服务器内部的服务器端的 Java 应用程序，由 Web 服务器进行加载。此外，由于实现 Servlet 所需要调用的 Servlet API 并不针对特定服务器环境和特定协议，因此，它能够实现多种服务器端功能。Servlet 是 JSP 的前身，在 MVC(Model- View-Controller)架构中扮演着控制中心的作用。

JSP 与 Servlet 结合可以完成对 HTTP 请求的处理和响应任务。Servlet 运行在一个 Web 服务器容器中，该容器向 Servlet 提供了一套基本服务，如请求映射、生命周期管理及安全性管理等。

Servlet 的生命周期始于将它装入 Web 服务器运行时，在终止或重新装入 Servlet 时结束。一个 Servlet 在其生命周期中主要经历 3 个阶段。

1) 初始阶段

当服务器装载 Servlet 时，它会运行 Servlet 的 init( )方法：

```
public void init(ServletConfig config) throws ServletException
{
    //一些初始化的操作
    super.init();
}
```

初始化的过程主要是读取配置信息或其他须执行的任务，可以借助 ServletConfig 对象取得 Container 的配置信息。例如：

```
<servlet>
    <servlet-name>HelloServlet</servlet-name>
    <servlet-class>ch9.HelloServlet</servlet-class>
    <init-param>
        <param-name>user</param-name>
        <param-value>browser</param-value>
    </init-param>
</servlet>
```

其中 user 为初始化的参数名称；browser 为初始化的值。因此，可以在 HelloServlet 程序中使用 ServletConfig 对象的 getInitParameter("user")方法来取得 browser。

提示！！！

一定要在 init( )方法结束时调用 super.init( )，而且 init( )方法不能反复调用，一旦调用就相当于重新装载 Servlet，因此直到服务器调用 destroy( )方法卸载 Servlet 后才能再调用。

2) 执行阶段

Servlet 被初始化后，就可以开始处理请求。每一个请求由 ServletRequest 对象来接收，由 ServletResponse 对象来响应该请求。在 Servlet 执行阶段其最多的应用就是处理客户端的请求并产生一个网页。

3) 结束阶段

Servlet 一直运行到它们被服务器卸载时为止。Container 没有限定一个加载的 Servlet 能保存多长时间，因此，一个 Servlet 实例可能只在 Container 中存活几毫秒或是其他更长的任意时间。在结束的时候需要收回在 init( )方法中使用的资源，在 Servlet 中是通过 destory( )方法来实现的：

```
public void destroy()
{
    //回收在 init()中启用的资源。
}
```

一旦 destroy( )方法被调用，Container 将移除该 Servlet，并释放所有使用中的资源。若 Container 需要再使用该 Servlet，它必须重新建立新的实例。

9.1.2 Servlet 的结构与配置

Servlet API 是用来写 Servlet 的。Servlet 接口是 Servlet API 中最重要的内容，所有的 Servlet 都必须执行该接口，可以通过直接实现该接口(interface)或扩展类(class)来实现，如 HttpServlet。类和接口构成了一个基本的 Servlet 框架。Servlet 接口提供了 Servlet 与客户端联系的方法。当一个 Servlet 接收来自客户端的调用请求时，它接收两个对象，一是 ServletRequest，它封装了由客户端发往服务器端的通信；另一个是 ServletResponse，它封装了由服务器端发往客户端的通信。ServletRequest 和 ServletResponse 都定义在 javax.servlet 包中。

ServletRequest 接口使 Servlet 可以获取到以下一些信息：
- 由客户端传进来的参数名称、客户端正在使用的协议及产生请求并且接收请求的服务器远端主机名。
- 输入数据流——ServletInputStream。客户端使用 HTTP POST 和 GET 应用协议递交数据，Servlet 使用输入流得到这些数据。

一个 ServletRequest 的子类可以让 Servlet 获取更多的协议特性数据，如 HttpServletRequest 接口包含获取 HTTP-specific 头信息的方法。

ServletResponse 接口给出响应客户端请求的 Servlet 方法：
- 允许 Servlet 设置内容长度和回应的 MIME 类型；
- 提供一个输出流——ServletOutputStream 及一个"Writer"。Servlet 通过"Writer"可以发回响应数据。

ServletResponse 子类提供给 Servlet 更多的基于特定协议的功能，如 HttpServletResponse 包含允许 Servlet 操作 HTTP 协议头信息的方法。

HttpServlet 有一些附加的对象，可以用来提供会话跟踪功能。Servlet"Writer"可以用这些 API 在某些时段维护 Servlet 与客户端之间的多个链接状态，Servlet"Writer"使用 cookie API 保存和浏览客户端数据。

1. HttpServlet

通常编写的 Servlet 类，一般都是从 Javax 包中的 HttpServlet 类继承而来的，在 HttpServlet 中的一些方法可以协助处理 HTTP 请求，这些请求由 HttpServlet 类中的 service( )方法自动地调用。

1) doGet 方法

doGet 方法主要用来处理 HTTP 的 GET、头部 HEAD 请求，这个 GET 操作仅允许客户从 HTTP 服务器上取得(GET)资源，打算改变存储数据的请求必须用其他的 HTTP 方法。doGet 方法的默认实现将返回一个 HTTP 的 BAD_REQUEST 错误。

doGet 方法的格式：

```
protected void doGet(HttpServletResquest request, HttpServletResponse response) throws ServletException,IOException;
```

2) doPost 方法

doPost 方法主要用来处理 HTTP 的 POST 请求，这个 POST 操作包含了通过该 Servlet 执行请求中的数据。doPost 方法的默认实现将返回一个 HTTP 的 BAD_REQUEST 错误。在编写 Servlet 时，为了支持 POST 操作必须在子类 HttpServlet 中实现此方法。

doPost 方法的格式：

```
protected void doPost(HttpServletResquest request, HttpServletResponse response) throws ServletException,IOException;
```

在开发以 HTTP 为基础的 Servlet 中，会比较多地涉及 doGet 和 doPost 这两个方法。除此之外，还有几种方法，读者可参照 9.4.1 小节。

2. HttpServletRequest

HttpServletRequest 用来提供客户的请求信息。HttpServletRequest 接口可以获取由客户端传送的客户端正在使用的通信协议、产生请求并且接收请求的远端主机名和 IP 地址等信息。

HttpServletRequest 接口提供获取数据流的 Servlet 、ServletInputStream 方法，这些数据是客户端引用的使用 HTTP POST 和 PUT 方法递交的。

3. HttpServletResponse

HttpServletResponse 用来向客户端发送响应信息。它给出相应客户端的 Servlet 方法，允许 Servlet 设置内容长度和回应的 MIME 类型，并且提供输出流的 ServletOutputStream。

4. HttpSession

HttpSession 接口被 Servlet 用来实现在 HTTP 客户端和 HTTP 会话端两者之间的关联。这种关联可能在多处连接和请求中持续一段给定的时间。session 用来在无状态的 HTTP 协议下越过多个请求页面来维持状态和识别用户。

9.1.3 Servlet 在 JSP 中的应用

JSP 和 Servlet 两者是密不可分的。JSP 主要关注于 HTML(或者 XML)与 Java 代码的结合及加入其中的 JSP 标记。当一个支持 JSP 的服务器遇到一个 JSP 页面时,它首先查看的就是该页面是否被转译成为一个 Servlet。通常 JSP 的运作模式为:JSP 程序(.jsp)→Servlet(.java)→Java 执行码(.class)→以 Servlet 方式运行。

JSP 引擎基本上就是架构在 Servlet 引擎之上,以 Servlet 的形式存在的。利用 Servlet 引擎或者 Content Type 把 JSP 文件转译成 Servlet 的源文件,调用 Java 编译器,编译成 Java 执行码,以 Servlet 方式加以运行。正是因为上述原因,我们在运行 JSP 程序时,会发现 JSP 在第一次执行时往往需要花费较长的时间,而后再执行的话,就直接运行 Java 的执行码了,从而能够极大地提高 JSP 的执行速度。

JSP 比较适合表示层的设计,当然也可以用于应用层;但 Servlet 在应用层的使用是很强大的,而对于设计表示层就很不方便了。很多开发者经常会不自觉地把表示层和应用层混在一起,如把数据库处理信息放到 JSP 中,其实,它应该放在应用层中。JSP 中应该仅仅存放与表示层有关的部分,也就是说,只放输出 HTML 网页的部分。而所有的数据计算、数据分析、数据库连接处理,都是属于应用层的。

为了能够将页面的表现形式和页面的商业逻辑分开,目前,有一种比较流行的应用模式,即 JSP+Servlet+JavaBean,这种模式结合了 JSP 和 Servlet 技术,充分利用了这两种技术的优点。通过 JSP 技术来表现页面,通过 Servlet 技术来完成大量的事务处理工作。

Servlet 用来处理请求的事务,充当着一个控制者的角色,并负责向客户端发送请求。Servlet 创建 JSP 需要的 Bean 和对象,然后根据用户的请求,决定将哪个 JSP 页面发送给用户。JSP 页面中没有任何商业处理逻辑,所有的商业处理逻辑均出现在 Servlet 中。JSP 页面只是简单地检索 Servlet 先前创建的 Bean 或者对象,再将动态内容插入到预定义的模板中。

9.2 相关实践知识

这是一个 Servlet 用户登录验证的示例,本示例采用 JSP+Servlet+JavaBean 的应用模式,结合 JSP 和 Servlet 各自的优势,实现验证用户登录信息。该示例的具体步骤可参照如下。

(1) 新建一个项目名称为 9_1 的 Dynamic Web Project 应用程序(见图 9-1~图 9-3),这里需要注意的是在如图 9-3 所示对话框中勾选【Generate web.xml deployment descriptor】复选框,生成一个配置文件。

第 9 章 Servlet 技术

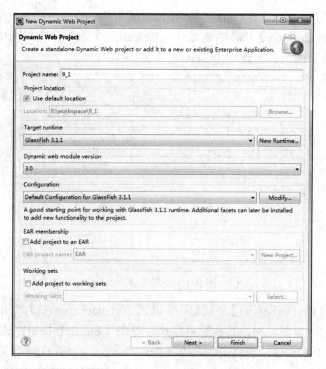

图 9-1 新建 Java Web 项目基本属性设置(一)

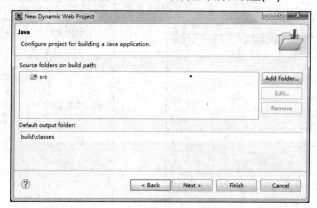

图 9-2 新建 Java Web 项目基本属性设置(二)

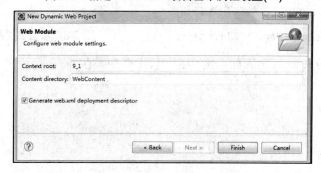

图 9-3 新建 Java Web 项目基本属性设置(三)

(2) 新建一个名为 AcountBean.java 的 JavaBean 文件，设置 package(包)为"ch9"。

(3) 在【Project Explorer】中，右击【Java Resources】选项，在弹出的快捷菜单中选择【New】→【Servlet】选项，新建一个 Servlet 文件(见图 9-4)。

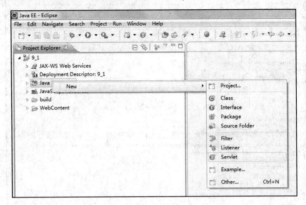

图 9-4 新建 Servlet

(4) 在弹出的【Create Servlet】对话框中，设置 Java package(包)为"ch9"，Class name(类名)为"ServletTest"(见图 9-5)，其他选择默认，单击【Finish】按钮完成设置。

(5) 新建三个 JSP 文件，名称分别为 9_1.jsp、success.jsp 和 fail.jsp(见图 9-6)。

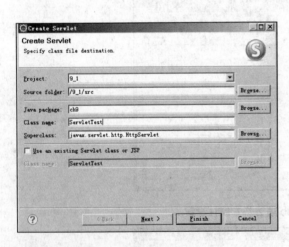

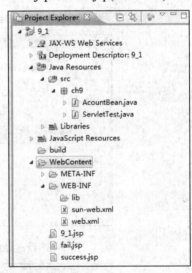

图 9-5 设置 Servlet 的 package 和 Class name   图 9-6 项目 9_1 组织结构

(6) 打开文件 9_1.jsp，输入如示例 9-1 所示代码并保存。

示例 9-1 Servlet 用户登录验证示例。

9_1.jsp

```
<%@page contentType="text/html" pageEncoding="UTF-8"%>
<!DOCTYPE HTML PUBLIC "-//W3C//DTD HTML 4.01 Transitional//EN"
                "http://www.w3.org/TR/html4/loose.dtd">
<html>
```

```
    <head>
        <meta http-equiv="Content-Type" content="text/html; charset=UTF-8">
        <title>CH9-9_1.jsp</title>
    </head>
    <body>
        <TABLE width=430 border=3 align="center" cellpadding=10>
            <TD align="center">
            <strong>
            <font face="arial" size=+2>Servlet 应用示例</font></strong></TD>
    </TABLE>
        <br>
        <form name="login" method="post" action="login">

        <TABLE width="324" height="86" border=3 align="center" cellpadding=2 cellspacing=0 bgcolor="#C0C0C0">
            <tr valign=baseline>
              <TD width="91" height="27">
        <div align="right">用户名：<br>
            </div></TD>
            <TD width="215"><input type="text" name="username" style="width:180px"></TD>
            </tr>
            <tr>
              <TD height="25"><div align="right">密码：</div></TD>
            <TD height="25"><input type="password" name="pwd" style="width:180px"></TD>
            </tr>
            <tr>
              <TD height="34" colspan="2"><center><input type="submit" name="Submit" value="提交">    
                <input type="reset" name="Submit2" value="重置"></center></TD>
            </tr>
      </TABLE>
        </form>
    </body>
</html>
```

(7) 打开文件 AcountBean.java，输入如下所示代码并保存。

AcountBean.java

```
package ch9;
public class AcountBean {
    private String username = "";
    private String password = "";
    //获取密码
    public String getPassword() {
     return password;
    }
    //设置密码
```

```java
    public void setPassword(String password) {
     this.password = password;
    }
  //获取用户名
   public String getUsername() {
    return username;
   }
  //设置用户名
   public void setUsername(String username) {
    this.username = username;
   }
}
```

(8) 打开文件 ServletTest.java，输入如下所示代码并保存。

ServletTest.java

```java
package ch9;
import java.io.IOException;
import javax.servlet.ServletException;
import javax.servlet.annotation.WebServlet;
import javax.servlet.http.HttpServlet;
import javax.servlet.http.HttpServletRequest;
import javax.servlet.http.HttpServletResponse;
import javax.servlet.http.HttpSession;
/**
 * Servlet implementation class ServletTest
 */
@WebServlet("/ServletTest")
public class ServletTest extends HttpServlet {
    private static final long serialVersionUID = 1L;
    /**
     * @see HttpServlet#HttpServlet()
     */
    public ServletTest() {
       super();
    }
    /**
     * @see HttpServlet#doGet(HttpServletRequest request, HttpServletResponse response)
     */
    @Override
    protected void doGet(HttpServletRequest request, HttpServletResponse response)
throws ServletException, IOException {
        HttpSession session = request.getSession();
        AcountBean account = new AcountBean();
        //设置 HttpServletRequest 的编码
        request.setCharacterEncoding("UTF-8");
        //从 HttpServletRequest 获取用户名和密码参数
```

```java
            String username = request.getParameter("username");
            String pwd = request.getParameter("pwd");
            //将用户名和密码保存在AcountBean对象中
            account.setPassword(pwd);
            account.setUsername(username);
            //判断用户名和密码是否符合预设值
            if((username != null)&&(username.trim().equals("刘海学"))) {
                if((pwd != null)&&(pwd.trim().equals("666666"))) {
                    session.setAttribute("account", account);
                    String login_suc = "success.jsp";
                    response.sendRedirect(login_suc);
                    return;
                }
            }
            String login_fail = "fail.jsp";
            response.sendRedirect(login_fail);
            return;
    }
    /**
     * @see HttpServlet#doPost(HttpServletRequest request, HttpServletResponse response)
     */
    @Override
    protected void doPost(HttpServletRequest request, HttpServletResponse response) throws ServletException, IOException {
        doGet(request,response);
    }
}
```

(9) 打开文件 success.jsp，输入如下所示代码并保存。

success.jsp

```
<%@ page language="java" contentType="text/html; charset=UTF-8"%>
<!DOCTYPE html PUBLIC "-//W3C//DTD HTML 4.01 Transitional//EN" "http://www.w3.org/TR/html4/loose.dtd">
<%@page import="ch9.*" %>
<html>
<head>
<meta http-equiv="Content-Type" content="text/html; charset=UTF-8">
<title>CH9-success.jsp</title>
</head>
<body>
<a href="9_1.jsp">返回</a>
        <h3>Servlet 应用示例演示结果</h3>
        <hr>
    <%--从AcountBean对象中获取保存的用户名和密码-->
    <%
    AcountBean account = (AcountBean)session.getAttribute("account");
```

```
        %>
        <%= account.getUsername()%>,欢迎进入Servlet应用示例的演示。<br>
         <br>
         您输入的密码是:<%= account.getPassword() %>,登录成功!
</body>
</html>
```

(10) 打开文件 fail.jsp,输入如下所示代码并保存。

fail.jsp

```
<%@ page language="java" contentType="text/html; charset=UTF-8"%>
<!DOCTYPE html PUBLIC "-//W3C//DTD HTML 4.01 Transitional//EN" "http://www.w3.org/TR/html4/loose.dtd">
<html>
<head>
<meta http-equiv="Content-Type" content="text/html; charset=UTF-8">
<title>CH9-fail.jsp</title>
</head>
<body>
<a href="9_1.jsp">返回</a>
       <h3>Servlet应用示例演示结果</h3>
       <hr>
       亲爱的用户,欢迎进入Servlet应用示例的演示。<br><br>
       您输入的账户或密码错误,登录失败,请返回重新登录!
</body>
</html>
```

(11) 打开配置文件 web.xml,输入如下所示代码并保存。

web.xml

```
<?xml version="1.0" encoding="UTF-8"?>
<web-app xmlns:xsi="http://www.w3.org/2001/XMLSchema-instance"
xmlns="http://java. sun.com/xml/ns/javaee"
xmlns:web="http://java.sun.com/xml/ns/javaee/web-app_2_5.xsd"
xsi:schemaLocation="http://java.sun.com/xml/ns/javaee
http://java.sun.com/xml/ ns/javaee/web-app_3_0.xsd" id="WebApp_ID" version="3.0">
  <display-name>9_1</display-name>
  <welcome-file-list>
    <welcome-file>9_1.jsp</welcome-file>
  </welcome-file-list>
  <servlet>
       <description>This is the description of my J2EE component</description>
       <display-name>This is the display name of my J2EE component</display-name>
       <!-- 指定 servlet 的名称 -->
        <servlet-name>ServletTest</servlet-name>
         <!-- 指定 servler 名称所对应的类 -->
       <servlet-class>ch9.ServletTest</servlet-class>
     </servlet>
```

```
        <!--指定 servlet 所对应的 URL  -->
    <servlet-mapping>
        <servlet-name>ServletTest</servlet-name>
        <url-pattern>/login</url-pattern>
    </servlet-mapping>
</web-app>
```

(12) 运行示例 9-1 中的程序(见图 9-7)。

(13) 如果输入的用户名和密码正确，则转向登录成功页面，本示例用户名和密码分别设置为"刘海学"和"666666"(见图 9-8)。

图 9-7　运行示例 9-1 中的程序　　　　　　图 9-8　登录成功

(14) 如果输入的用户名和密码错误，则转向登录失败页面(见图 9-9)。

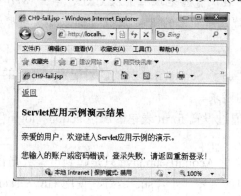

图 9-9　登录失败

本示例在 JSP+JavaBeans 的基础上，添加了响应类 ServletTest.java，最终形成 JSP+Servlet+JavaBeans 的架构模式。

在文件 ServletTest.java 中实现了一个 Servlet，将用户请求通过 ServletTest 来进行响应。它继承了 HttpServlet 类，所以程序中没有重写 service( )方法，而是重写了 doGet( )方法和 doPost( )方法，分别用来处理不同类型的 HTTP 请求。我们在页面 9_1.jsp 中输入用户名和密码，提交表单后，Servlet 则调用 doPost( )方法来处理表单传来的数据，而文件 ServletTest.java 中的 doPost( )方法则又调用了 doGet( )。

从 doGet( )方法中可以看出，用户登录验证是按照如下过程执行的：

(1) 获取用户会话对象和 AcountBean 对象，以便于后面存储用户信息。
(2) 设置请求编码格式。
(3) 取得用户登录输入的参数：用户名 username 和密码 pwd。
(4) 在 AcountBean 对象中存储客户端传送过来用户名和密码。
(5) 判断参数的有效性，验证该用户名和密码是否能够登录成功。
(6) 如果结果为真，则将 AcountBean 对象保存在 HttpSession 对象中，并转发到登录成功页面 success.jsp。
(7) 如果结果为假，则转发到登录失败页面 fail.jsp。

在 doGet( )方法中做了请求的分发处理，通过判断用户登录信息的真假进行处理请求的分类分发，决定后面要执行的不同的任务。

基于 HTTP 协议的 Servlet 必须引入 javax.servlet 和 javax.Servlet.http 包。ServletTest 从 HttpServlet 类派生，HttpServlet 是 GenericServlet 的一个派生类，通过 GenericServlet 实现 Servlet 接口。HttpServlet 为基于 HTTP 协议的 Servlet 提供了基本的支持。

当一个 Servlet 接收来自客户端的调用请求时，会接收两个对象：一个是 HttpServletRequest，它包含了客户端请求的信息，可以通过该参数取得客户端的一些信息(如 IP 地址、浏览器类型等)及 HTTP 请求类型(如 GET、HEAD、POST、PUT 等)；另外一个是 HttpServletResponse，它用于完成 Servlet 与客户端的交互，向客户端输出信息。

提示!!!

GET 请求相当于用户在浏览器地址栏输入 URL、单击 Web 页面中的链接、提交没有指定 method 的表单时浏览器所发出的请求；POST 请求是提交那些指定了 method="POST" 的表单时所发出的请求。

在文件 web.xml 中添加了 ServletTest 类的映射配置：匹配的 URL 为/login，表示匹配所有 URL 地址为/login 的请求。

在文件 9_1.jsp 中，通过设置 form 表单的属性 action="login"将用户登录的 POST 请求指向我们设计的 Servlet。

示例中的 JavaBean 文件 AcountBean.java 只是起到一个数据存储的作用，而页面 fail.jsp 和 success.jsp 也只是简单的视图显示，success.jsp 使用 HttpSession 对象取得保存下来的用户名和密码，读者可在此基础上，自行在以上几个页面丰富完善更多功能。

9.3 实 验 安 排

在顺利完成 9.1 节相关理论知识学习的基础上，按照教学任务的安排，独立完成如下实验内容：

使用 Servlet 实现用户登录的验证功能(具体实验步骤可参照 9.2 节)。

9.4 相关知识总结与拓展

9.4.1 知识网络拓展

1. MVC

MVC 是软件工程中的一种软件架构模式,它把软件系统分为三个基本部分:模型(Model)、视图(View)和控制器(Controller)。

1) 模型

"数据模型"用于封装与应用程序的业务逻辑相关的数据以及对数据的处理方法。"模型"有对数据直接访问的权力,如对数据库的访问。"模型"不依赖"视图"和"控制器",也就是说,模型不关心它会被如何显示或是如何被操作。但是模型中数据的变化一般会通过一种刷新机制被公布。为了实现这种机制,那些用于监视此模型的视图必须事先在此模型上注册,从而视图可以了解在数据模型上发生的改变。

2) 视图

视图层能够实现数据有目的的显示(理论上这不是必需的)。在视图中一般没有程序上的逻辑。为了实现视图上的刷新功能,视图需要访问它监视的数据模型(Model),因此,应该事先在被它监视的数据中注册。

3) 控制器

控制器起到不同层面间的组织作用,用于控制应用程序的流程。它处理事件并做出响应。"事件"包括用户的行为和数据模型上的改变。

2. HttpServlet 的方法

1) doPut 方法

doPut 方法用来处理 HTTP 的 PUT 请求,此 PUT 操作模拟通过 FTP 发送一个文件。
doPut 方法的格式:

```
protected void doPut(HttpServletResquest request,HttpServletResponse response)
throws ServletException,IOException;
```

2) doDelete 方法

doDelete 方法用来处理 HTTP 的 DELETE 请求。此操作允许客户端请求一个从服务器移出的 URL。在编写 Servlet 时,为了支持 DELETE 操作,必须在子类 HttpServlet 中实现此方法。

doDelete 方法的格式:

```
protected void doDelete (HttpServletResquest request, HttpServletResponse
response) throws ServletException,IOException;
```

3) doHead 方法

doHead 方法用来处理 HTTP 的 HEAD 请求。默认情况下它会在无条件的 GET 方法执行时运行,但是不返回任何数据到客户端,只返回包含内容信息的长度的 header。由于用到 GET 操作，此方法应该是很安全的(没有副作用)，也是可重复使用的。此方法的默认实现自动地处理了 HTTP 的 HEAD 操作，并且不需要通过一个子类实现。

doHead 方法的格式：

```
protected void doHead (HttpServletResquest request,HttpServletResponse response) throws ServletException,IOException;
```

4) doOptions 方法

doOptions 方法用来处理 HTTP 的 OPTIONS 请求，此操作自动地决定支持什么 HTTP 方法。例如，如果读者创建 HttpServlet 的子类并重载 doGet 方法，然后 doOptions 方法会返回如下所示的 header：

```
Allow:GET,HEAD,TRACE,OPTIONS
```

一般不需要重载 doOptions 方法，它的格式如下：

```
protected void doOptions (HttpServletResquest request, HttpServletResponse throws ServletException,IOException;
```

5) doTrace 方法

doTrace 方法用来处理 HTTP 的 TRACE 请求。此方法默认实现产生一个包含所有在 trace 请求中的 header 的信息的应答(response)。在开发 Servlet 时，多数情况下需要重载此方法。

doTrace 方法的格式：

```
protected void doTrace (HttpServletResquest request, HttpServletResponse response)throws ServletException,IOException;
```

3. 过滤器(filter)和监听器(listener)

过滤器是 Servlet2.3 新增的功能，是十分常用的组件。过滤器一般用于对全局的可匹配的访问页面进行统一的处理，体现了即插即用的思想，如对全局的页面进行编码设置、会话控制、页面访问权限控制等。

监听器也是 Servlet2.3 新增的功能，在许多触发性的处理中需要。通常用作用户某一事件的触发监听，如监听用户的来访和退出、监听某一数据事件的发生，或者定义一个周期性的时钟定期执行。这一功能极大地增强了 Java Web 程序的事件处理能力。

过滤器和监听器都可以在\WEB-INF\web.xml 中设置它们的配置。

4. web.xml 常用的标签元素及其功能

web.xml 文件是用来配置欢迎页面、Servlet、filter 等的。当 web 工程没用到这些时，就可以不用 web.xml 文件来进行配置。

web.xml 的模式(Schema)文件是由 Sun 公司定义的，每个 web.xml 文件的根元素 <web-app>中，都必须标明这个 web.xml 使用的是哪个模式文件。例如：

```
<?xml version="1.0" encoding="UTF-8"?>
    <web-app xmlns:xsi=http://www.w3.org/2001/XMLSchema-instance
```

```
        xmlns="http://java.sun.com/xml/ns/javaee"
        xmlns:web="http://java.sun.com/xml/ns/javaee/web-app_2_5.xsd"
        xsi:schemaLocation="http://java.sun.com/xml/ns/javaee
        http://java.sun.com/xml/ns/javaee/web-app_3_0.xsd" id="WebApp_ID" version="3.0">
</web-app>
```

web.xml 的模式文件中定义了多少种标签元素，web.xml 中就可以出现它的模式文件所定义的标签元素，就能拥有定义出来的那些功能。

web.xml 的模式文件中定义的标签是不断变化的，一般来说，随着 web.mxl 模式文件的版本升级，里面定义的功能会越来越复杂，但通常我们只要掌握一些常用的就可以了。

(1) 指定欢迎页面。例如：

```
<welcome-file-list>
    <welcome-file>index.jsp</welcome-file>
    <welcome-file>default.jsp</welcome-file>
</welcome-file-list>
```

上面的例子中指定了两个欢迎页面，显示时按顺序从第一个找起，如果第一个存在，就显示第一个，后面的不起作用；如果第一个不存在，就找第二个，以此类推。

(2) 命名与定制 URL：可以为 Servlet 和 JSP 文件命名并定制 URL，其中定制 URL 是依赖命名的，命名必须在定制 URL 前。现以 Servlet 为例。

➢ 为 Servlet 命名：

```
<servlet>
    <servlet-name>servlet1</servlet-name>
    <servlet-class>ch9.TestServlet</servlet-class>
</servlet>
```

➢ 为 Servlet 定制 URL：

```
<servlet-mapping>
    <servlet-name>servlet1</servlet-name>
    <url-pattern>/login </url-pattern>
</servlet-mapping>
```

(3) 定制初始化参数：可以定制 Servlet、JSP、Context 的初始化参数，然后可以在 Servlet、JSP、Context 中获取这些参数值。仍以 servlet 为例：

```
<servlet>
    <servlet-name>servlet1</servlet-name>
    <servlet-class>ch9.TestServlet</servlet-class>
    <init-param>
      <param-name>userName</param-name>
      <param-value>Benjamin</param-value>
    </init-param>
    <init-param>
      <param-name>E-mail</param-name>
      <param-value>liuhaixue996@sohu.com</param-value>
```

```
    </init-param>
</servlet>
```

然后，在 Servlet 中就能够调用 getServletConfig( ).getInitParameter("userName")获得参数名对应的值 Benjamin。

(4) 指定错误处理页面：可以通过"异常类型"或"错误码"来指定错误处理页面。例如：

```
<error-page>
    <error-code>404</error-code>
    <location>/error.jsp</location>
</error-page>
---------------------------
<error-page>
    <exception-type>java.lang.Exception<exception-type>
    <location>/exception.jsp<location>
</error-page>
```

(5) 设置过滤器。例如，设置一个编码过滤器，过滤所有资源：

```
<filter>
    <filter-name>struts</filter-name>
    <filter-class>
        org.apache.struts2.dispatcher.ng.filter.StrutsPrepareAndExecuteFilter
    </filter-class>
</filter>
<filter-mapping>
    <filter-name>struts</filter-name>
    <url-pattern>/*</url-pattern>
</filter-mapping>
```

(6) 设置监听器：

```
<listener>
    <listener-class> org.apache.struts2.XXXLisenet</listener-class>
</listener>
```

(7) 设置会话(Session)过期时间，其中时间以分钟为单位。例如，设置 60 分钟超时：

```
<session-config>
    <session-timeout>60</session-timeout>
</session-config>
```

9.4.2 其他知识补充

(1) MVC——维基百科(http://zh.wikipedia.org/wiki/MVC)。

(2) Servlet 工作原理——IBM(http://www.ibm.com/developerworks/cn/java/j-lo-servlet/index.html?ca=drs-)。

(3) Servlet API(Servlet 应用程序接口)(http://tomcat.apache.org/tomcat-5.5-doc/servletapi/index.html)。

(4) Servlet Essentials by Stefan Zeiger(http://www.novocode.com/doc/servlet-essentials/)。

(5) Java Servlet Technology ——Oracle(http://java.sun.com/j2ee/tutorial/1_3-fcs/doc/Servlets.html)。

(6) A Servlet and JSP Tutorial(http://www.apl.jhu.edu/~hall/java/Servlet-Tutorial/)。

(7) Java EE:XML Schemas for Java EE Deployment Descriptors(http://java.sun.com/xml/ns/javaee/)。

(8) Web.xm Deployment Descriptor Elements(http://docs.oracle.com/cd/E12840_01/wls/docs103/webapp/web_xml.html)。

习　　题

1. 简答题

(1) JSP+Servlet+JavaBean 这种应用模式有哪些优势？

(2) JSP 和 Servlet 各有什么优点和缺点，如何实现二者的互补结合？

(3) 在一个生命周期中，Servlet 是如何执行运作的？

(4) 配置文件 web.xml 的作用？

2. 填空题

(1) 在 Servlet 中用来接收客户表单数据的两种常用方法为_____和_____。

(2) Servlet 的初始化参数只能在 Servlet 的方法_____中获取。

(3) JSP 应用程序配置文件 web.xml 的根元素为_____。

(4) HttpServletResponse 的方法_____用来把一个 HTTP 请求重定向到另外的 URL。

(5) 在编写完 Servlet 后，需要对已经写好的 Servlet 进行部署，配置 web.xml 文件，添加_____和_____标记。

(6) 在 MVC 开发模式中，Model 层对象被编写为_____。

3. 选择题

(1) Servlet 的生命周期不包括下列哪个阶段_____。

　　A. 装载 Servlet

　　B. 创建一个 Servlet 实例

　　C. 传递 Servlet 实例

　　D. 调用 destroy( )方法来销毁 Servlet

(2) 下列关于 web.xml 的配置，说法错误的是_____。

　　A. 在 web.xml 描述中，首先要声明 Servlet

　　B. 在 web.xml 描述中，要指定这个 Servlet 的类

　　C. 在 web.xml 描述中，要为 Servlet 做 URI 映射

　　D. 在 web.xml 中不可同时指定多个 Servlet

(3) 下列关于 HttpServlet 类的描述，错误的是_____。
　　A．HttpServlet 类是针对使用 Http 协议的 Web 服务器的 Servlet 类
　　B．HttpServlet 的子类实现了 doGet( )方法去响应 HTTP 的 GET 请求
　　C．HttpServlet 的子类实现了 doPost( )方法去响应 HTTP 的 POST 请求
　　D．HttpServlet 类通过 init( )方法和 destory( )方法管理 Servlet 自身的资源

(4) 下面关于 HttpServletRequest 接口的描述，错误的是_____。
　　A．HttpServletRequest 接口中最常用的方法就是获得请求的参数
　　B．JSP 中的内建对象 request 是一个 HttpServletRequest 实例
　　C．HttpServletRequest 主要处理取得路径信息和标识 HTTP 会话，取得和设置 cookies
　　D．HttpServletRequest 主要处理取得输入和输出流

(5) 下面_____HTTP 响应报头表示设置浏览器多长时间(单位是秒)之后重新请求一次页面。
　　A．Refresh　　　　　　　B．Expires
　　C．Content-Type　　　　D．Location

(6) 在 MVC 模式中，核心内容为_____。
　　A．View　　B．Control　　C．Model　　D．不确定

(7) 在 Servlet 过滤器的生命周期中，每当传递请求或响应时，Web 容器会调用_____方法。
　　A．init　　B．Service　　C．doFilter　　D．Destroy

(8) 在 MVC 体系架构中，承担显示功能(View 层)的组件是_____。
　　A．JSP　　B．JavaBean　　C．Servlet　　D．JDBC

(9) 当编写 Servlet 时，不需要导入的包是_____。
　　A．java.io.*　　　　　　　B．javax.servlet.*
　　C．javax.servlet.http.*　　D．javax.net.*

4．程序设计

编写一个简单的 Servlet 程序，通过 Servlet 向浏览器输出文本信息"欢迎访问我的 Servlet"，要求写出相应的 Servlet 类及配置文件。

5．综合案例 8

在综合案例 7 的基础上，将用户登录验证功能使用 Servlet 功能实现。

JSP 的 XML 操作

教学目标

(1) 了解 XML 的基本结构及应用方式；
(2) 熟悉 JSP 操作处理 XML 文件的常用方法；
(3) 掌握使用 JDOM 实现 XML 文件操作处理的功能。

教学任务

(1) 学习 XML 的基本语法和 JSP 处理 XML 的方法；
(2) 搭建 JDOM 程序运行的环境；
(3) 完成使用 JDOM 对 XML 文件的操作。

10.1 相关理论知识

10.1.1 XML 基础语法

1. 编写 XML 文档

XML 文档由 XML 声明(declaration)加以识别。这是放在所有 XML 文档的开头的一条处理指令，标识正在使用的 XML 版本(version)，这个注明 XML 版本的属性 version 一定要有，而 encoding 这个注明文字编码的属性则可有可无，如果省略的话，字码必须是 Unicode，以 UTF-8 或 UTF-16 作编码。在下面的示例中，我们明确地声明了当前 XML 的版本号是 1.0，使用的编码是"GB2312"。在 XML 文件的编码不是 UTF-8 或 UTF-16 的情况下，声明<?xml ……?>不可省略，而属性 encoding 也同样不能省去。

```xml
<?xml version="1.0" encoding="GB2312" ?>
<?xml-stylesheet href="style.css" type="text/css" ?>
<热销书籍>
    <!--该 XML 文件仅作示例，供读者参考-->
    <书籍>
        <名称>XML 编程实例</名称>
        <作者>龙飞云</作者>
        <出版社>北大出版社</出版社>
        <售价 货币单位="人民币">36.00</售价>
    </书籍>
    <书籍>
        <名称>如何规划自己的职业生涯</名称>
        <作者>火狐</作者>
        <出版社>茂名出版社</出版社>
        <售价 货币单位="人民币">22.00</售价>
    </书籍>
</热销书籍>
```

提示！！！

XML 标准只强制规定所有软件都必须支持 UTF-8 和 UTF-16 这两种编码，而 Big 5/GB2312 不是所有的 XML 软件都提供支持。

XML 中通常提到的"标签"(tags，或称为"包")，实际上包含"元素"(elements)和"属性"(attributes)两部分。上例中的"名称"、"作者"、"出版社"等都是属于"热销书籍"这个母元素下的子元素，而"货币单位="人民币""则是元素"售价"的一个属性，我们把"货币单位"称为属性名，等号右面的"人民币"称为属性值。最高层的元素"热销书籍"称为根元素(root element)。

每个合格(well-formed，所谓"well-formed"就是"格式正确"，这将在后面加以讨论)的 XML 文档必须有一个根元素。这是一个完全包括文档中其他所有元素的元素。根元素的起始标记要放在所有其他元素的起始标记之前，而根元素的结束标记要放在所有其他元素的结束标记之后。对于根元素"热销书籍",其起始标记是<热销书籍>,而结束标记是</热销书籍>。

XML 声明既不是元素也不是标记,它是处理指令,因而不需要将声明放在根元素 SEASON 之内。但是,我们在文档中放入的每个元素都得放在起始标记<热销书籍>和结束标记</热销书籍>之间。

提示!!!

XML 的元素名是比较灵活的,可以包括任意数目的字母和数字,既可是大写的也可是小写的,这就会有成千上万种可能的变化。全使用大写、全使用小写或是混合大小写都是可以的,但推荐使用一种约定,并坚持下去,养成好的编程习惯。

在上面的示例中我们使用了缩进,以便指明元素"名称"、"作者"、"出版社"等是元素"书籍"的子元素,而文本"XML 编程实例"是元素"名称"的内容。

提示!!!

XML 中可以将元素压缩到一行上,还可以将文档再加以压缩,即使全部元素都压缩成一行也可以,但这将失去可读性。

XML 中的注释语法和 HTML 的非常相似,如上面的示例所示,注释是放在<!--和-->之间的区块。

通常,XML 文档的原始视图对于某些应用来说已经够用了。但在一些情况下,人们除了关注文档的数据内容,也希望看到更好的展现形式,特别是想要在 Web 上显示数据时,为了提供更好的外观,必须为文档编写样式单,利用样式单将特定的格式化信息与文档中的每个元素联系起来。

为了将样式单与文档联系起来,只要如上面的示例所示简单地在 XML 声明和根元素间增加一个<?xml-stylesheet?>处理指令就可以了。这条指令在 XML 中被称为 PI(Processing Instruction),PI 以"<?"开头,以"?>"结尾。例如,我们要用样式单美化 XML 文档,就必须提供一种机制,告诉浏览器到哪儿去找样式单文件。为此,W3C 就特别设计发布了这种专为链接样式的 PI,如果链接的是 CSS 样式单,语法如下:

```
<?xml-stylesheet href="*.css" type="text/css" ?>
```

"xml-stylesheet"这部分称为 PI 的目标(target),"href="*.css""用来告诉浏览器去获得一个"*.css"的 CSS 文档,这个文件是假设放在与 XML 文件同一服务器上的同一目录中的。换句话说,"*.css"是个相对的 URL,绝对的 URL 也是可以使用的。

类似地,如果链接的是 XSL 样式单,语法如下:

```
<?xml-stylesheet href="*.xsl" type="text/xsl" ?>
```

更多的 XML 链接样式单语法规则可参照 10.4.2 节。

2. XML 文档解析器

XML 文档解析器(parser)是 XML 处理的最前线,软件要内建 XML 语法的解析器,才能正确处理 XML 文档。作为具有一定语法规范的 XML 文件,在我们能进一步利用文件内容之前，必须先要用解析器进行文件分析才可以。对于一个网页浏览器，必定要具备一个 XML 解析器，这样它才能读懂各 XML 文档，进而将 XML 文档页面呈现在浏览者面前。如果文件不是一个合格(well-formed)的 XML 文档或者软件没有内置 XML 解析器，那么将会导致文件解析失败。

鉴于目前网络上充斥的大量 HTML 网页的书写格式不规范，XML 的设计者要求 XML 文档必须严格执行，限制了所有的 XML 文件都必须遵守几项基本语法规定，否则就不能正确解析。

3. XML 文件基本规则

XML 文件一定要满足语法规范，达到格式正确(well-formed)。任何 XML 文件都必须符合这些基本标准，否则就会让解析器解析错误，不能被正常使用。XML 需要遵循的几条基本规则如下。

1) 所有元素都要被正确地关闭

在符合规范的 XML 文件中，所有的元素都需要有一个结束标记把这个元素"关闭"，如上面的示例中的<名称>XML 编程实例</名称>。HTML 标准中规定一些标签的结束标记是可有可无的，但 XML 中则严格限定结束标记必不可少。

对于不含有任何文字内容，只有属性的 XML 元素，XML 发明了一种称为"空元素"(empty element)的新的表示方法，即<元素/>。如果带有属性，就写成<元素 属性甲="value1" 属性乙="value2"/>。

2) 标签之间不得交叉

符合规范的 XML 文件不允许出现如下情况：

```
<书籍>
    <名称>XML 编程实例
</书籍>
    </名称>
```

这里的两个标签"书籍"和"名称"是不能交叉出现的。XML 规定，所有的元素排列都必须是严谨的树状结构。树状结构的概念对于学习 XML 非常重要，在控制、转换、使用 XML 文件时，都需要对文件的这种内部树状结构了如指掌。

3) 所有元素的属性值都要加引号

在 HTML 中，为元素属性的值添加或不加引号都没有影响，网页浏览器对这样的书写方式通常都能正确处理，但在 XML 中，却是不被允许的。XML 文件中的所有元素属性值要求都必须加引号，否则将不会通过 XML 解析器。

4) XML 元素和属性名区分大小写

在元素和属性名的大小写上，XML 和 HTML 截然不同，XML 在元素和属性名的书写上严格区分大小写，而 HTML 对于大小写则无所谓。

5) 专用规范

有时候只是符合基本的 XML 规范还是不够的，虽然 XML 文件达到了 well-formed 格式的基本要求，但在特定的应用需求下，我们还需要定义一套法则来规范 XML 文件符合该应用场景，也就是对某种 XML 文件在格式上的定义。例如，对于本小节前面的示例，我们可以规定,"作者"这个元素在任何一个"<书籍>......</书籍>"区块中可以出现多次还是只能出现一次、每个元素能包含哪些属性,各个元素出现的顺序,等等,都能清楚地加以定义和规范。

目前,可以采用 DTD(Document Type Definition)或者 XML Schema 等方式对 XML 进行规范定义。通过这种规范定义来确认 XML 文件正确性的解析器称为"validating parser",没有这种功能的解析器称为"non-validating parser"。通过 validating parser 解析并确认其正确性的 XML 文件被称为"valid XML"。

实际上,关于 XML 格式的要求还有很多,以上所介绍的几方面只是在应用中经常遇到的,更多有关 XML 格式方面的规定,不再一一列举,读者可参照其他 XML 相关书籍。

10.1.2 Java 语言 XML 处理 API

1. DOM

XML DOM(XML Document Object Model,XML 文档对象模型)是一个文档对象组成的模型,属于 XML 文件程序设计的接口对象。这个对象模型基于 XML 文件内部的树状结构,提供了各种应用程序标准设计接口的属性、方法和对象。通过 XML DOM,我们能够对 XML 文件实现节点数据的浏览、新增、修改和删除等操作。

应用程序通过 DOM 接口完成和 XML 内数据的交互。在 XML 解析器加载 XML 文件之后,DOM 将 XML 文件视为一个层次树状结构,并将其中的元素视为树的各个节点。XML 文件常见的节点类型如表 10-1 所示。

表 10-1 XML 文件常见的节点类型

节点类型	示　　例
NODE_PROCESSING_INSTRUCTION	<?xml version="1.0" encoding="GB2312" ?>
NODE_ELEMENT	<名称>XML 编程实例</名称>
NODE_ATTRIBUTE	货币单位="人民币"
NODE_TEXT	XML 编程实例

Java 为 XML 应用程序的开发提供了强大的支持,目前,提供了数个扩展的 API 用来支撑 XML 的应用程序,比较会经常用到的有 JAXP(Java API for XML Processing,用于处理 XML 的 Java API 包),它所提供的类和方法可以实现 Java XML 应用程序的解析和转换。JAXP 中主要的 API 包有以下几种:

- javax.xml.parsers:提供解析 XML 文件的类。
- org.xml.sax:SAX 解析器,提供以事件驱动的方式解析 XML 文件的 API。
- org.xml.saxhelpers:提供解析错误处理的相关类,可以帮助程序设计者使用 SAX API。
- org.w3c.dom:提供支持 DOM 建议规格的 API 包。

XML DOM 中最基本的对象是 Node,从它又派生出许多类型的对象,所有这些对象组成一棵树,可以使用这些对象来访问 XML 文件中的元素和属性的内容。

1) Document 文件对象

XML 文件构成的整棵树状结构就是一个 Document 对象,它代表了一个完整的 XML 文档,当 DOM 加载 XML 文件并创建 Document 对象后,就可以使用各种方法获取 XML 节点,管理 XML 文件中的数据。例如,利用 getDocumentElement( )方法可以获取 XML 文件的根节点,XML 中的所有节点都是一个 Node 对象;还可以利用 getElementByTagName( )方法直接通过标签名字获取节点。

2) NodeList 节点对象列表

我们使用 getElementByTagName( )方法取得的所有节点以及通过 getChildNodes( )方法取得的指定节点对象下一层的所有子节点,都属于 NodeList 对象。NodeList 对象表示某个子节点列表。NodeList 对象的 getLength( )方法可以取得拥有子节点的数目。

3) Node 节点对象

根节点本身和其下属子节点都属于 Node 节点对象,NodeList 取出的节点也属于 Node 节点对象,它提供相关的属性和方法以获取所需的 XML 元素。Node 对象是 DOM 中最主要的类型,它代表了文档树中的一个节点,可以通过它的 getNodeName( )、getNodeValue( )、getAttribute( )等方法来取得节点的信息。比如,它的 getNodeName( )方法用于获取节点的名称,而 hasChildNodes( )方法可用于检查某个节点是否拥有子节点。

4) Element 元素对象

Element 对象表示文件树的 XML 元素节点,它组成一个以它为根的子树。一个 Element 节点可以拥有多个 Element 子节点,如果元素有文字内容,那么文字内容还是一个 Text 节点对象。Element 对象提供了 getAttribute( )方法来获取 XML 元素的属性。

提示!!!

用 Element 对象的 getTagName( )方法获取节点的名称和用 Node 对象的 getNodeName( )方法获取节点的名称是相同的,因为 Element 对象本身就是一种 Node 节点对象。

5) Text 文字内容对象

Text 对象代表的就是 XML 元素里面的文字内容。

6) NameNodeMap 属性列表对象

因为一个元素可能拥有一个或多个属性,所以,可以用 NameNodeMap 对象来获取元素的属性列表。用 getAttributes( )方法取得的就是 NameNodeMap 属性列表对象。

XML DOM 对象模型除了提供上述查询节点所需对象和方法外,还具有新增根元素、子元素和文字内容等方法(见表 10-2 和表 10-3)。

表 10-2 Document 对象创建新节点方法

方　　法	说　　明
createElement( )	建立 XML 元素节点,参数为标签名字
createAttribute( )	建立节点的属性,参数为属性名字
createComment( )	建立注释文字节点,参数为注释文字内容
createTextNode( )	建立文字节点,参数为文字内容

表 10-3　Node 对象追加新节点到 XML 树的方法

方　　法	说　　明
appendChild(newnode)	新增 newnode 节点为子节点
insertBefore(newnode,beforenode)	将 newnode 节点插入到 beforenode 节点之前

此外，我们还可以利用 removeChild( )和 removeAttribute( )等方法实现元素和属性的删除操作。

2. SAX

XML SAX(Simple Application Interface for XML)也是一组程序设计接口，它将 XML 文件作为一个文字流的数据，通过读取 XML 时触发的一系列事件，利用对应的事件处理程序来获取 XML 元素的内容。

DOM 操作是将 XML 文件解析为一个树状结构，并对树中的节点进行操作，而与 DOM 方式不同，SAX 操作 XML 类似于打开一个"顺序的文件字符流"，在读到 XML 中的开始标记、结尾标记和文字内容等时将产生一系列的事件。SAX 技术完全不同于 DOM 解析 XML 文件的技术，用它实现的应用程序能够提高内存的使用效率，因为 SAX 只是顺序读取 XML 文件的内容，而不是完全加载 XML 文件，这种处理 XML 的方式效率更高。但是，SAX 技术只能读取 XML 的内容，而不能执行 XML 文件内容的更改和随机访问等操作，这也反映了 SAX 的局限性。

JAXP API 提供了 SAX 的应用程序接口，可以使用 Java 建立 SAX 应用程序。下面是利用 Java 建立 SAX 程序时要导入的 SAX 类库包：

```
import javax.xml.parsers.*;
import org.xml.sax.*;
import org.sax.helpers.*;
```

按照如下步骤操作可实现 XML 文件的 SAX 技术解析：

(1) 将主类直接继承 DefaultHandler 接口。

(2) 实现 startDocument( )、startElement( )、characters( )、endElement( )和 endDocument( )等相关事件处理函数(见表 10-4)。

表 10-4　SAX 对象常用事件

事件函数名称	说　　明
StartDocument	表示 Document 开始
EndDocument	表示 Document 结束
StartElement	表示元素开始，解析器在遇到任何标记的名称和属性时都会触发该事件
EndElement	表示元素结束
Characters	包含文字字符的数据，类似于 DOM 中的 Text 节点
ignorableWhitespace	对应回车符、标记外的空格符等
warning,error,fatalError	三个事件表示解析出错，可以在其中编写错误处理程序

(3) 在主程序中建立 SAXParseFactory 对象，并设定 XML 文件不需要验证。

(4) 建立 SAXParser 对象，获取 XMLReader 接口对象。

(5) 调用 XMLReader 对象的 setContentHandle 方法和 setErrorHandler 方法。

(6) 将 XML 文件名用方法 convertToURL 转换为 URL 网址的形式，调用 XMLReader 对象的 parse 方法对 XML 文件解析。

10.1.3 JSP 的 XML 操作分类

1. JSP 中用 DOM 操作 XML

由于 DOM 解析器首先会将一个 XML 文档解析成为一个树状结构，并存储在内存中，因此，我们在 JSP 中可以利用 DOM 解析器对 XML 文件进行解析，从而实现对其中数据信息的操作，整个访问过程如图 10-1 所示。

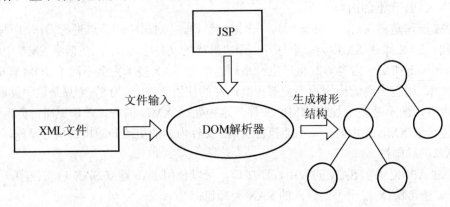

图 10-1 JSP 访问 XML 文件(DOM)

在 JavaBean 中，我们利用 DOM 接口从一个 XML 文件中读取相应的内容，然后在 JSP 中显示出来。首先开发一个使用 DOM 接口来解析 XML 文件的 JavaBean，后面的 JSP 程序将会调用 JavaBean 中的函数将 XML 文件中的数据信息显示出来。

在 10.1.2 小节中我们知道，从 Node 派生出的几个重要的节点类型有 Document、Element、Attribute、Text 等，所以在 JavaBean 中要分别对这些节点进行处理。在 Element 节点的处理中，对一个 Element 节点，可以使用 getChildNodes( )获得 Element 的子节点列表以返回一个 NodeList 对象。在遍历 DOM 树的时候，要特别注意对于 Document 型节点的处理，Document 的节点实际上是 DOM 树的最外层节点，没有任何实际值，应该使用 getDocumentElement( )得到 Document 的根节点，然后再进行遍历。然后在 JSP 文件中再使用 JavaBean 中遍历节点和获取数据信息的方法输出信息。

2. JSP 中用 SAX 操作 XML

SAX 技术采用了一种事件驱动接口的方式，由用户提供符合定义的事件处理函数，解析器在触发特定的事件时，就会调用相应的事件处理函数。使用 SAX 对 XML 文件进行处理的基本过程如图 10-2 所示。

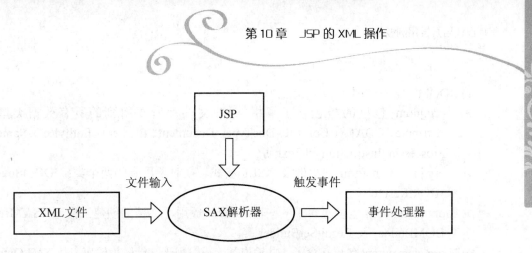

图 10-2　JSP 访问 XML 文件(SAX)

我们可以在 JavaBean 中使用 SAX 解析器对一个 XML 文件进行解析，在解析的过程中，遇到节点时就会自动调用对应的 startElement、characters、endElement 等函数对这个节点进行解析，然后在 JSP 中再调用相关方法把解析得到的结果显示出来。

SAX 接口是一个基于事件的处理模型。解析器在 XML 文档中的每个元素的开始激活 startElement 事件，对于每个 startElement 事件都将有相应的 endElement 事件(即使该元素为空)，所有元素的内容都将在相应的 endElement 事件之前顺序地报告。开始事件 startElement 包含四个参数：String uri、String localName、String qName 和 Attributes atts。其中，uri 表示名称空间 URI，如果元素没有名称空间 URI，或者未执行名称空间处理，则为空字符串；localName 表示本地名称(不带前缀)，如果未执行名称空间处理，则为空字符串；qName 表示限定名(带有前缀)，如果限定名不可用，则为空字符串；atts 表示连接到元素上的属性，如果没有属性，它将是空 Attributes 对象。与开始事件 startElement 相似，结束事件 endElement 里面的三个参数也有相同意义。字符串处理事件 characters 用于接收字符数据的通知。解析器将调用此方法来报告字符数据的每个存储块。SAX 解析器能够用单个存储块返回所有的连续字符数据，或者将该数据拆分成几个存储块。但是，任何单个事件中的全部字符都必须来自同一个外部实体，以便定位器能够提供有用的信息。

提示！！！
有些解析器将使用 ignorableWhitespace 而不是 characters 来报告元素内容中的空白。

3．JSP 中用 JDOM 操作 XML

JDOM 的出现是为了弥补 DOM 和 SAX 在实际应用当中的不足之处。SAX 没有文档修改、随机访问以及输出的功能，而 DOM 是一个接口定义语言(IDL)，它的任务是在不同语言实现中的一个最低的通用标准，并不是专门为 Java 设计的，因而在使用 DOM 时不太方便。JDOM 是直接为 Java 编程服务的，利用纯 Java 的技术对 XML 文档实现解析、生成和序列化等多种操作，它借助 Java 语言的诸多特性(方法重载、集合概念及映射)，把 SAX 和 DOM 的功能有效地结合起来。此外，JDOM 在使用设计上尽可能地隐藏原来使用 XML 过程中的复杂性，这样可以使 XML 文件的处理变得轻松、容易。

在 JDOM 中，XML 元素就是 Element 的实例，XML 属性就是 Attribute 的实例，XML 文档本身就是 Document 的实例。

1) JDOM 中常用的类
- org.jdom 包里的类包含了解析 xml 文件后所要用到的所有数据类型，如 Attribute、CDATA、Coment、DocType、Document、Element、EntityRef、Namespace ProscessingInstruction 和 Text 等。
- org.jdom.transform 包里涉及 XSLT 格式转换时要用到的两个类：JDOMSource 和 JDOMResult。
- org.jdom.input 包里包含了一些输入类，一般用于文档的创建工作，如 SAXBuilder、DOMBuilder 及 ResultSetBuilder 等。
- org.jdom.output 包里包含了一些输出类，一般用于文档转换输出，如 XMLOutputter、SAXOutputter、DomOutputter 及 JTreeOutputter 等。

2) JDOM 中常用的方法
- 从根节点元素得到 Document 的操作方法。例如：

```
Element root=new Element("GREETING");        //新建一个"GREETING" Element 元素
Document doc=new Document(root);              //以 root 元素为根创建一个 Document 文档
root.setText("HelloJDOM!");                   //添加 root 元素的文字内容为"HelloJDOM!"
```

或者

```
Document doc=new Document(new Element("GREETING").setText("HelloJDOM!t"));
```

提示！！！

JDOM 不允许同一个节点同时被两个或多个文档相关联，要想在第二个文档中使用原来文档中的节点，首先需要使用 detach( )方法把这个节点分开。

- 从文件、流、系统 ID、URL 得到 Document 对象。例如：

```
//使用 DOMBuilder 从文件得到 Document 对象
DOMBuilder builder=new DOMBuilder();
Document doc=builder.build(newFile("jdom_test.xml"));
//使用 SAXBuilder 从 URL 得到 Document 对象
SAXBuilder builder=new SAXBuilder();
Document doc=builder.build(url);
```

- DOM 的 Document 和 JDOM 的 Document 之间的相互转换。例如：

```
DOMBuilder builder=new DOMBuilder();
org.jdom.Document jdomDocument=builder.build(domDocument);
DOMOutputter converter=newDOMOutputter();
org.w3c.dom.Document domDocument=converter.output(jdomDocument);
```

- XMLOutPutter 类支持多种 IO 格式以及风格的 XML 文档输出。例如：

```
Document doc=newDocument(…);
XMLOutputter outp=newXMLOutputter();
outp.output(doc,fileOutputStream);                    //Rawoutput
outp.setTextTrim(true);                               //Compressedoutput
outp.output(doc,socket.getOutputStream());
outp.setIndent("");                                   //Prettyoutput
```

```
outp.setNewlines(true);
outp.output(doc,System.out);
```

> 浏览 Element 树。例如：

```
Element root=doc.getRootElement();                    //获得根元素 Element
List allChildren=root.getChildren();                  //获得所有子元素的一个 List
List namedChildren=root.getChildren("name");          //获得指定名称子元素的 List
Element child=root.getChild("name");                  //获得指定名称的第一个子元素
```

JDOM 给了我们很多很灵活的使用方法来管理子元素(这里的 List 是 java.util.List)。

```
List allChildren=root.getChildren();
allChildren.remove(3);                                //删除第四个子元素
allChildren.removeAll(root.getChildren("jack"));      //删除名为"jack"的子元素
root.removeChildren("jack");                          //便捷写法
allChildren.add(new Element("jane"));                 //加入
root.addContent(new Element("jane"));                 //便捷写法
allChildren.add(0,new Element("first"));
```

> 移动 Element。例如：

```
Element movable=new Element("movable");
parent1.addContent(movable);//place
parent1.removeContent(movable);//remove
parent2.addContent(movable);//add
```

> Element 的 Text 内容读取。例如：

```
String desc=element.getText();
String desc=element.getTextTrim();
```

> Elment 内容修改。例如：

```
element.setText("test");
```

> 获到根元素及子元素。例如：

```
Element rootElement = myDocument.getRootElement();
```

getChild("childname") 返回指定名称的子节点，如果同一级有多个同名子节点，则只返回第一个；如果没有返回 null 值。

getChildren("childname") 返回指定名称的子节点 List 集合，这样就可以遍历所有的同一级同名子节点。

getAttributeValue("name") 返回指定属性名称的值，如果没有该属性则返回 null，有该属性但是值为空，则返回空字符串。

getChildText("childname") 返回指定子节点的内容文本值。

getText( )返回该元素的内容文本值。

10.2 相关实践知识

在 XML 应用中，最常用也最实用的莫过于 XML 文件的读写，所以本示例通过一个 JavaBean 来封装了 XML 文件的读写、编辑、删除等功能，然后在 JSP 中调用 JavaBean 来实现对 XML 文件的操作。在示例中我们使用了 JDOM 1.1.3 这个解析 XML 的 Java 工具包。要成功演示本示例，首先要下载并安装 JDOM 1.1.3；下载后解压缩，解压缩后里面的 jdom-1.1.3.jar 就是我们需要的 JDOM 包；然后可以如本例一样将 JAR 文件导入到目录"\WEB-INF\lib"下，还可以将之加入到特定的类路径或配置系统变量。该示例的具体步骤可参照如下。

(1) 新建一个项目名称为 10_1 的 Dynanic Web Project 应用程序。
(2) 在文件夹"\WEB-INF\lib"上执行【File】→【Import…】操作，导入包 jdom-1.1.3.jar。
(3) 新建一个名称为 XMLBean.java 的 JavaBean 文件，设置 package(包)为"ch10"。
(4) 新建两个名称分别为 10_1.jsp 和 usexml.jsp 的 JSP 文件和一个名称为 test.xml 的 XML 文件(见图 10-3)。

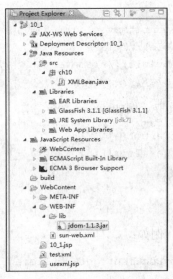

图 10-3　项目 10_1 的组织结构

(5) 打开文件 10_1.jsp，输入如示例 10-1 所示代码并保存。
示例 10-1 使用 JDOM 操作 XML 文件。
10_1.jsp

```
<%@page contentType="text/html" pageEncoding="UTF-8"%>
<!DOCTYPE HTML PUBLIC "-//W3C//DTD HTML 4.01 Transitional//EN"
                "http://www.w3.org/TR/html4/loose.dtd">
<%@ page language="java" import="java.util.*"%>
<%@page import="ch10.*" %>
<html>
```

```html
<head>
    <meta http-equiv="Content-Type" content="text/html; charset=UTF-8">
    <title>CH10-10_1.jsp</title>
</head>
<body>
  <TABLE width=430 border=3 align="center" cellpadding=10>
    <TD align="center">
    <strong>
    <font face="arial" size=+2>JDOM 操作 XML 文件示例</font></strong></TD>
  </TABLE>
  <br>
  <center>
    <table border="1" cellpadding="0" cellspacing="1" style="border-collapse: collapse" width="80%" id="AutoNumber1">
      <tr>
      <td align="center" width="92">书名</td>
      <td align="center" width="92">作者</td>
      <td align="center" width="92">出版社</td>
      <td align="center" width="92">价格</td>
      <td align="center" width="92">出版日期</td>
      <td align="center" width="94">操作</td>
      </tr>
    </table>
    <%
      String path = application.getRealPath("")+"\\"+"test.xml";
      XMLBean xml=new XMLBean();
      Vector xmlall=xml.LoadXML(path);   //加载指定路径下的 XML 文件
      for(int i=0;i<xmlall.size();i++){
      xml=(XMLBean)xmlall.elementAt(i );    //返回指定位置的元素
    %>
    <table border="1" cellpadding="0" cellspacing="1" style="border-collapse: collapse" width="80%" id="AutoNumber2">
      <tr>
      <td align="center" width="92"><%=xml.getbookname()%></td>
      <td align="center" width="92"><%=xml.getauthor()%></td>
      <td align="center" width="92"><%=xml.getpub()%></td>
      <td align="center" width="92"><%=xml.getprice()%></td>
      <td align="center" width="92"><%=xml.getpubdate()%></td>
      <td align="center" width="94"><a href="usexml.jsp?act=del&id=<%=i%>&path=<%=path%>">删除</a></td>
      </tr>
    </table>
    <%}%>
  </center>
  <form method="POST" action="usexml.jsp">
    <p align="center">
    <table width="337" border="0" align="center">
```

```
        <tr>
          <td width="21"><input type="radio" value="add" checked name="act"></td>
          <td width="75">添加资料</td>
          <td width="24"><input type="radio" value="edit" name="act"></td>
          <td width="76">编辑资料</td>
          <td width="39">序号</td>
          <td width="76"><select size="1" name="id">
            <%for(int i=0;i<xmlall.size();i++){%>
            <option value="<%=i%>">第<%=i+1%>条</option>
            <%}%>
          </select></td>
        </tr>
      </table>
      <br>
      <table width="241" border="0" align="center">
        <tr>
          <td><div align="right">书 名：</div></td>
          <td><div align="center">
            <input type="text" name="bookname" size="20">
          </div></td>
        </tr>
        <tr>
          <td><div align="right">作者：</div></td>
          <td><div align="center">
            <input type="text" name="author" size="20">
          </div></td>
        </tr>
        <tr>
          <td><div align="right">出版社：</div></td>
          <td><div align="center">
            <input type="text" name="pub" size="20">
          </div></td>
        </tr>
        <tr>
          <td><div align="right">价格：</div></td>
          <td><div align="center">
            <input type="text" name="price" size="20">
          </div></td>
        </tr>
        <tr>
          <td><div align="right">日期：</div></td>
          <td><div align="center">
            <input type="text" name="pubdate" size="20">
          </div></td>
        </tr>
      </table>
```

```
        </p>
        <input type="hidden" name="path" value="<%=path%>">
        <p align="center"><input type="submit" value="提交" name="B1"><input type="reset" value="重置" name="B2"></p>
    </form>
  </body>
</html>
```

(6) 打开文件 XMLBean.java，输入如下所示代码并保存。

XMLBean.java

```
package ch10;
import java.io.*;
import java.util.*;
import org.jdom.*;
import org.jdom.output.*;
import org.jdom.input.*;
import javax.servlet.*;
import javax.servlet.http.*;
public class XMLBean {
    private String bookname,author,pub,price,pubdate;
    public String getbookname() { return bookname;}
    public String getauthor() { return author;}
    public String getpub() { return pub;}
    public String getprice() { return price;}
    public String getpubdate() { return pubdate;}
    public void setbookname(String bookname) { this.bookname =bookname ; }
    public void setauthor(String author) { this.author =author; }
    public void setpub(String pub) { this.pub =pub ; }
    public void setprice(String price) { this.price =price ; }
    public void setpubdate(String pubdate) { this.pubdate =pubdate ; }
    public void XMLlBean(){}
    /**
    * 读取 XML 文件所有信息
    */
    public Vector LoadXML(String path)throws Exception{
        Vector xmlVector = null;
        FileInputStream fi = null;
        try{
            fi = new FileInputStream(path);
            xmlVector = new Vector();
            SAXBuilder sb = new SAXBuilder();
            Document doc = sb.build(fi);
            Element root = doc.getRootElement(); //得到根元素
            List books = root.getChildren(); //得到根元素所有子元素的集合
            Element book =null;
            XMLBean xml =null;
```

```java
            for(int i=0;i<books.size();i++){
                xml = new XMLBean();
                book = (Element)books.get(i);   //得到第一本书元素
                xml.setbookname(book.getChild("书名").getText());
                xml.setauthor(book.getChild("作者").getText());
                xml.setpub(book.getChild("出版社").getText());
                xml.setprice(book.getChild("价格").getText());
                xml.setpubdate(book.getChild("出版日期").getText());
                xmlVector.add(xml);
            }
        }catch(Exception e){
            System.err.println(e+"error");
        }finally{
            try{
                fi.close();
            }catch(Exception e){
                e.printStackTrace();
            }
        }
        return xmlVector;
    }
    /**
    * 删除XML文件指定信息
    */
    public static void DelXML(HttpServletRequest request)throws Exception{
        FileInputStream fi = null;
        FileOutputStream fo = null;
        try{
            String path=request.getParameter("path");
            int xmlid=Integer.parseInt(request.getParameter("id"));
            fi = new FileInputStream(path);
            SAXBuilder sb = new SAXBuilder();
            Document doc = sb.build(fi);
            Element root = doc.getRootElement();   //得到根元素
            List books = root.getChildren();   //得到根元素所有子元素的集合
            books.remove(xmlid);//删除指定位置的子元素
            String indent = " ";
            Format format = Format.getPrettyFormat();
            format.setIndent(indent);
            format.setLineSeparator("\r\n");
            XMLOutputter outp = new XMLOutputter(format);
            fo=new FileOutputStream(path);
            outp.output(doc,fo);
        }catch(Exception e){
            System.err.println(e+"error");
        }finally{
```

```java
            try{
                fi.close();
                fo.close();
            }catch(Exception e){
                e.printStackTrace();
            }
        }
    }
    /**
    * 添加XML文件指定信息
    */
    public static void AddXML(HttpServletRequest request)throws Exception{
        FileInputStream fi = null;
        FileOutputStream fo = null;
        try{
            String path=request.getParameter("path");
            fi = new FileInputStream(path);
            SAXBuilder sb = new SAXBuilder();
            Document doc = sb.build(fi);
            Element root = doc.getRootElement();  //得到根元素
            List books = root.getChildren();  //得到根元素所有子元素的集合
            request.setCharacterEncoding("UTF-8");
            String bookname=request.getParameter("bookname");
            String author=request.getParameter("author");
            String price=request.getParameter("price");
            String pub=request.getParameter("pub");
            String pubdate=request.getParameter("pubdate");
            Element newbook= new Element("书");
            Element newname= new Element("书名");
            newname.setText(bookname);
            newbook.addContent(newname);
            Element newauthor= new Element("作者");
            newauthor.setText(author);
            newbook.addContent(newauthor);
            Element newpub= new Element("出版社");
            newpub.setText(pub);
            newbook.addContent(newpub);
            Element newprice= new Element("价格");
            newprice.setText(price);
            newbook.addContent(newprice);
            Element newdate= new Element("出版日期");
            newdate.setText(pubdate);
            newbook.addContent(newdate);
            books.add(newbook);//增加子元素
            String indent = " ";
            Format format = Format.getPrettyFormat();
            format.setIndent(indent);
```

```java
            format.setLineSeparator("\r\n");
            XMLOutputter outp = new XMLOutputter(format);
            fo=new FileOutputStream(path);
            outp.output(doc,fo);
        }catch(Exception e){
            System.err.println(e+"error");
        }finally{
            try{
                fi.close();
                fo.close();
            }catch(Exception e){
                e.printStackTrace();
            }
        }
    }
    /**
     * 修改XML文件指定信息
     */
    public static void EditXML(HttpServletRequest request)throws Exception{
        FileInputStream fi = null;
        FileOutputStream fo = null;
        try{
            String path=request.getParameter("path");
            int xmlid=Integer.parseInt(request.getParameter("id"));
            fi = new FileInputStream(path);
            SAXBuilder sb = new SAXBuilder();
            Document doc = sb.build(fi);
            Element root = doc.getRootElement();  //得到根元素
            List books = root.getChildren();  //得到根元素所有子元素的集合
            Element book=(Element)books.get(xmlid);
            String bookname=request.getParameter("bookname");
            String author=request.getParameter("author");
            String price=request.getParameter("price");
            String pub=request.getParameter("pub");
            String pubdate=request.getParameter("pubdate");
            Element newname= book.getChild("书名");
            newname.setText(bookname);//修改书名为新的书名
            Element newauthor= book.getChild("作者");
            newauthor.setText(author);
            Element newpub= book.getChild("出版社");
            newpub.setText(pub);
            Element newprice= book.getChild("价格");
            newprice.setText(price);
            Element newdate= book.getChild("出版日期");
            newdate.setText(pubdate);
            String indent = " ";
```

```
                Format format = Format.getPrettyFormat();
                format.setIndent(indent);
                format.setLineSeparator("\r\n");
                XMLOutputter outp = new XMLOutputter(format);
                fo=new FileOutputStream(path);
                outp.output(doc,fo);
            }catch(Exception e){
                System.err.println(e+"error");
            }finally{
                try{
                    fi.close();
                    fo.close();
                }catch(Exception e){
                    e.printStackTrace();
                }
            }
        }
    }
```

(7) 打开文件 usexml.jsp，输入如下所示代码并保存。

usexml.jsp

```
<%@ page language="java" contentType="text/html; charset=UTF-8"%>
<!DOCTYPE html PUBLIC "-//W3C//DTD HTML 4.01 Transitional//EN" "http://www.w3.org/TR/html4/loose.dtd">
<%@page import="ch10.*" %>
<html>
    <head>
        <meta http-equiv="Content-Type" content="text/html; charset=UTF-8">
        <title>CH10-usexml.jsp</title>
    </head>
    <body>
        <%
            if(request.getParameter("act")!=null && request.getParameter("act").equals("add")){
                XMLBean.AddXML(request);    //执行新增操作
                out.println("<p align='center'><br><br>添加成功<br><br><a href='10_1.jsp'>返回</a>");
            }
            else if(request.getParameter("act")!=null && request.getParameter("act").equals("del")){
                XMLBean.DelXML(request);    //执行删除操作
                out.println("<p align='center'><br><br>删除成功<br><br><a href='10_1.jsp'>返回</a>");
            }
            else if(request.getParameter("act")!=null && request.getParameter("act").equals("edit")){
```

```
                XMLBean.EditXML(request);   //执行编辑操作
                out.println("<p align='center'><br><br>修改成功<br><br><a href=
'10_1.jsp'>返回</a>");
            }
            else{out.print("<p align='center'><br><br>非法操作<br><br><a href=
'10_1.jsp'>返回</a>");}
        %>
    </body>
</html>
```

(8) 打开文件 test.xml，输入如下所示代码并保存。

test.xml

```
<?xml version="1.0" encoding="UTF-8"?>
<书库>
    <书>
        <书名>Java in a nutshell</书名>
        <作者>David Flanagan</作者>
        <出版社>O'REILLY'</出版社>
        <价格>35.0</价格>
        <出版日期>2005-10-07</出版日期>
    </书>
    <书>
        <书名>Easy Java/XML integration with JDOM</书名>
        <作者>Seimin</作者>
        <出版社>Microsoft</出版社>
        <价格>92.0</价格>
        <出版日期>2007-12-07</出版日期>
    </书>
</书库>
```

(9) 运行示例 10-1 中的程序(见图 10-4)。

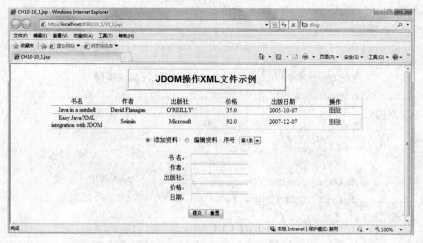

图 10-4　运行示例 10-4 中的程序

(10) 点选【添加资料】单选按钮，分别输入书名、作者、出版社、价格、日期，然后单击【提交】按钮，如果成功，则返回可浏览添加效果(见图10-5)。

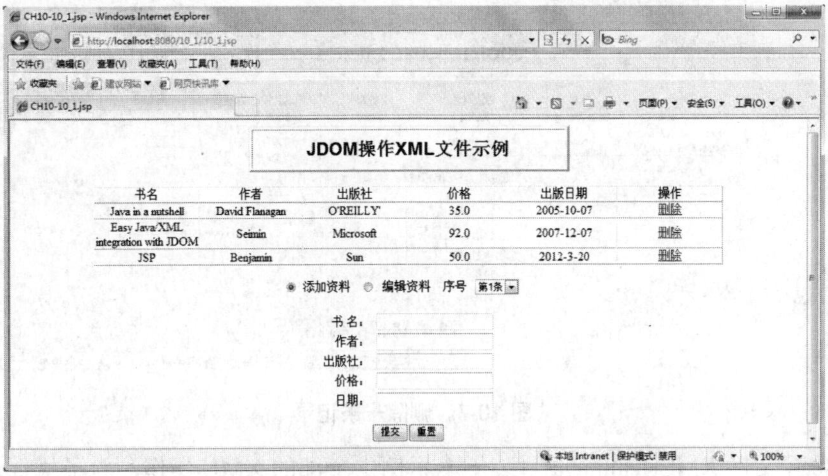

图 10-5　添加一条新的记录

(11) 点选【编辑资料】单选按钮，并在【序号】下拉列表中任选一条记录对其进行编辑。例如，选择刚刚添加的第三条记录，将原来的书名"JSP"更改为"JSP in a nutshell"，然后单击【提交】按钮，如果成功，则返回可浏览编辑效果(见图10-6)。

图 10-6　编辑一条记录

(12) 如果单击任一记录右侧的【删除】链接，就会删除该条记录，这里删除刚刚添加的新记录，如果成功，则返回可浏览删除效果(见图10-7)。

我们用作解析的 XML 文件 test.xml 包含了一个根元素"书库"，根元素下面包含了书名、作者、出版社、价格和日期等子元素。可以在任何文本编辑器中建立编辑这样 XML 文件，类似于 HTML 结构，但 XML 语义比较严格，起始标记必须配对，如"〈书名〉"与"〈/书名〉"对应，空格多少可不必在意，但一般都以缩格形式书写，以便于阅读。可以在任何支持 XML 的浏览器中打开文件进行测试，如果输入正确，在浏览中可以看到此文件的树形表示结构。

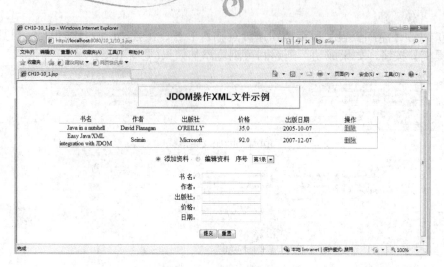

图 10-7 删除一条记录

JavaBean 文件 XMLBean.java 封装了本示例中全部的 XML 操作，为了执行这些操作，需要导入如下 Java 包：

```
import java.io.*;                  //Java 基础包，包含了各种 IO 操作
import java.util.*;                //Java 基础包，包含了各种标准数据结构操作
import org.jdom.*;                 //包含了所有 XML 文档要素的 Java 类
import org.jdom.output.*;          //包含了写入 XML 文档的类
import org.jdom.input.*;           //包含了读取 XML 文档的类
import javax.servlet.*;            //包含了 Servlet 运作机制的核心
import javax.servlet.http.*;       //支持基于 HTTP 协议的 Servlet
```

XMLBean.java 文件程序中包含了 LoadXML( )、DelXML( )、AddXML( )和 EditXML( )四个操作 XML 文件的方法，分别用于执行读取、删除、增加、编辑功能。

在 LoadXML( )方法中，为了保存多本书的信息，借助了一个集合类(并不是单纯意义上的集合，Java 中的集合是集合框架的概念，包含向量、列表、哈希表等)，这里采用的 Vector 向量类。然后按照顺序生成指定 XML 文件的 Document 对象，取得根元素，获取根元素下所有子元素的集合，循环所有子元素，取出每个子元素的"书名"、"作者"、"出版社"、"价格"和"日期"对应的文字内容，将文字内容赋值给实例化的 XMLBean 对应的属性，最后添加到 Vector 对象中返回。

DelXML( )方法有一个 HttpServletRequest 对象的参数，通过它来获取客户端的参数"path"和"id"，从而可以删除指定"路径"XML 文件中指定"位置"的子元素节点。Format 是一个专门用于格式化的类，其中，getPrettyFormat( )方法为输出的 XML 定义格式。setIndent( )方法用于设置分隔符，一般是用空格，就是当设置新节点后，自动换行并缩进，如果写成 setIndent("")，就只有换行功能而不会缩进；如果写成 setIndent(null)，则既不换行也不缩进，全部以一行显示，默认是这种效果。setLineSeparator( )方法设置换行符为"\r\n"。最后使用 XMLOutputter 对象输出指定格式"Format 对象"的删除节点元素的新的 XML 文件。

AddXML( )方法中使用 request.getParameter( )获取来自客户端提交的参数信息，然后用 setText( )给指定 Element 元素赋值，并通过 addContent( )方法将"书名"、"作者"等子元素加到父元素"书"下，最后将生成好的"书"这个 Element 对象用 add( )方法加到根元素下所有子元素的 List 列表对象中。

EditXML( )方法的实现与 AddXML( )方法相似，只是它从客户端获取得到一个指代给定位置的 xmlid 号，然后根据该编号取得指定节点位置的元素，将其按照客户端接收到的各项参数进行修改。

由以上可以看出，本示例所有对 XML 解析操作的功能都被封装在 JavaBean 里面。10_1.jsp 程序文件实现了一个用户访问 XML 的交互界面，并在页面加载时，调用 LoadXML( )方法读取了 XML 文件并显示出来。在用户单击【提交】按钮开始执行某项操作时，10_1.jsp 页面将把请求交给页面 usexml.jsp 来处理，页面 usexml.jsp 则根据传递过来的参数"act"的值来判断要执行哪项操作，如果是"add"，就调用 XMLBean 的 AddXML( )方法；如果是"del"，就调用 XMLBean 的 DelXML( )方法；如果是"edit"，就调用 XMLBean 的 EditXML( )方法。

提示！！！

文件 XMLBean.java 中的几种方法，如 DelXML( )、AddXML( )和 EditXML( )都是用关键字 static 标识出来的静态方法，因此在调用这几个方法的时候，类 XMLBean 不需要实例化，直接用语句 XMLBean.×××XML( )即可。

10.3 实验安排

在顺利完成 10.1 节相关理论知识学习的基础上，按照教学任务的安排，独立完成如下实验内容：

使用 JDOM 操作 XML 文件(具体实验步骤可参照 10.2 节)。

10.4 相关知识总结与拓展

10.4.1 知识网络拓展

1) CSS 和 XSL

CSS 比 XSL(Extensible Style Language)简单，对于基本的 Web 页面来说，也更适合，而且也是更为直接的文档。XSL 则比较复杂，但功能也更为强大。XSL 是建立在简单的 CSS 格式化的基础之上的，也提供了将源文档转换为可以查看的不同形式的方法。在调试 XML 时，首先使用 CSS 寻找问题，然后再转到 XSL，以便获得更大的灵活性。

2) JDOM 包结构

JDOM 包通常是由以下几个包组成的：

- org.jdom——包含了所有的 XML 文档要素的 Java 类。
- org.jdom.adapters——包含了与 DOM 适配的 Java 类。

- org.jdom.filter——包含了 XML 文档的过滤器类。
- org.jdom.input——包含了读取 XML 文档的类。
- org.jdom.output——包含了写入 XML 文档的类。
- org.jdom.transform——包含了将 jdom.xml 文档接口转换为其他 XML 文档接口。
- org.jdom.xpath——包含了对 XML 文档 xpath 操作的类。

10.4.2 其他知识补充

(1) W3C 发布的 XML 链接样式单规则(http://www.w3.org/TR/xml-stylesheet/)。
(2) JDOM 1.1.3 下载地址(http://www.jdom.org/)。
(3) XML at The Apache Foundation(http://xml.apache.org/)。
(4) O'REILLY XML From the Inside Out(http://www.xml.com/)。
(5) DOM，SAX，and JDOM(http://cs.au.dk/~amoeller/XML/programming/index.html)。

习 题

1. 简答题

(1) JSP 操作 XML 文件主要有哪些方式？它们各自具有什么优势？
(2) 除了本例所采用的 JDOM，目前还有哪些比较流行的 XML 解析 Java 工具包？
(3) 目前，XML 模式定义和样式定义主要都有哪些方式？

2. 填空题

(1) 每个 XML 文档都分为两个部分：_____和_____。
(2) XML 文档内容的主体部分，一般由_____、_____、_____、注释和内容组成。
(3) CSS 样式表只允许指定每个 XML 元素的显示格式，而 XSL 样式表提供了对所有 XML_____。
(4) 在 XML 模式中，一个子元素的出现次数没有限定，则属性 maxOccurs 的值应为_____。
(5) DOM 的中文全称是_____。
(6) XML 文档链接 XSL 样式表的指令是_____。
(7) XML 规范提供了_____机制，用来解决同一个 XML 文档中使用相同标记名而代表不同意义的元素所引起的冲突问题。

3. 选择题

(1) 下列 XML 格式正确的为_____。
  A．<学生 学号="101" 姓名=张三/>
  B．<学生 学号="101" 姓名="张三">
  C．<学生 学号="101" 姓名="张三"/>
  D．<ABC 学号="101" 姓名="张三">学生</ABC>

(2) XSL 是_____。
   A．XML 文件   B．样式单文件
   C．SOAP 文件   D．转换后的流文件
(3) 属性_____用来表示 XML 文档所使用的字符集。
   A．version   B．encoding   C．standalone   D．charset
(4) 含有中文字符的 XML 文档中，encoding 属性值应设为_____。
   A．Big 5   B．GB2312   C．UTF-8   D．Unicode
(5) 下列说法错误的是_____。
   A．HTML 和 XML 都是 SGML 的应用
   B．XML 以文档或数据为中心
   C．HTML 是一种格式化信息的标记语言
   D．XML 用来定义数据的显示方式
(6) 下列说法错误的是_____。
   A．? 代表可选，零个或一个
   B．* 代表任意个、零个或多个
   C．+ 代表可选
   D．| 是选择操作符
(7) 在 XML Schema 中，元素"sequence"的用途是_____。
   A．强制元素属性按特定顺序
   B．强制在一个数据类型中的元素按特定顺序
   C．强制属性值按特定顺序
   D．只用于注释
(8) 下面对 DOM 规范描述不正确的是_____。
   A．DOM 规范有四个基本的接口：Document、Node、NodeList 及 NamedNodeMap
   B．Document 对象是对文档进行操作的入口，它是从 Node 接口继承过来的
   D．NodeList 对象是一个节点的集合
   D．DOM 规范是一组访问、修改 XML 文档的对象集合，它跟具体的编程语言有关
(9) CSS 和 XSL 均属于样式单的一种，都可以用来设定文档的外观，下列功能只能使用 XSL 来实现的是_____。
   ① 将一个欧洲的时间表示格式转换为一个中国的时间表示格式
   ② 将 60 分以上的分数用黑色显示，60 分以下的分数用红色显示
   ③ 将商品按售价高低进行排序
   ④ 将所有学生年龄的信息用红色显示
   A．①、②、③   B．②、③、④
   C．①、②、④   D．①、③、④

4. 程序设计

创建一个 XML 文件 book.xml 来存储信息,主要保存的数据有时间、姓名、E-mail、主页、地址、留言内容等,设计一个 JSP 程序,用于读取、添加、删除、更新 book.xml 里面的信息。

5. 综合案例 9

在综合案例项目 8 的基础上,加入以下功能:

(1) 将商品信息改为 XML 文件来存储,首页页面对其读取并展示。

(2) 后台管理页面具有对商品进行增加、删除、修改、查询的功能。

Struts 应用基础

教学目标

(1) 了解框架 Struts 的基本原理和主要优势;
(2) 熟悉 Struts 的配置和应用;
(3) 掌握使用 Struts 实现用户信息注册的功能。

教学任务

(1) 学习应用框架 Struts 的作用、配置及使用方式;
(2) 配置 Struts 运行的基本环境;
(3) 实现基于 Struts 的用户信息注册。

11.1 相关理论知识

11.1.1 Struts 应用框架介绍

Stucts 通过采用 Java Servlet/JSP 技术，实现了基于 Java EE Web 应用的 MVC(Model-View-Controller)设计模式的应用框架(Web Framework)，是 MVC 设计模式中的一个经典产品。

在 Struts 中，由一个名为 ActionServlet 的 Servlet 充当控制器(Controller)的角色，然后根据描述模型(Model)、视图(View)、控制器对应关系的 struts-config.xml 的配置文件，转发视图的请求，组装响应数据模型。在 MVC 的模型部分，经常划分为两个主要子系统(系统的内部数据状态与改变数据状态的逻辑动作)，这两个概念子系统分别对应 Struts 里的 ActionForm 与 Action 两个需要继承实现超类。在这里，Struts 可以与各种标准的数据访问技术结合在一起，包括 EJB(Enterprise Java Beans)、JDBC(Java DataBase Connectivity)和 JNDI(Java Naming and Directory Interface)等。在 Struts 的视图端，除了使用标准的 JSP 以外，还提供了大量的标签库供使用，同时还可以与其他表现层组件技术进行整合，如 XSLT(Extensible Stylesheet Language Transformations)等。通过应用 Struts 框架，最终用户可以把大部分的关注点放在自己的业务逻辑(Action)与映射关系的配置文件(struts-config.xml)中。

MVC 模型将动作控制、数据处理、结果显示三者分离开。

控制：在 Struts 中，ActionServlet 起着一个控制器的作用，它是一个通用的控制组件。这个控制组件提供了处理所有发送到 Struts 的 HTTP 请求的入口点，它截取和分发这些请求到相应的动作类(这些动作类都是 Action 类的子类)。另外，控制组件也负责用相应的请求参数填充 Action Form，并传给动作类。动作类实现核心商业逻辑，它可以访问 JavaBean 或调用 EJB。所有这些控制逻辑利用 struts-config.xml 文件来配置。

视图：主要是由 JSP 来控制页面输出的。它接收 Action Form 中的数据，利用 HTML、taglib、bean、logic 等显示数据。

模型：在 Struts 中，主要存在三种 bean，分别是 ActionForm、Action、EJB 或者 JavaBean。ActionForm 用来封装客户请求信息，Action 取得 ActionForm 中的数据，再由 EJB 或者 Java Bean 进行处理。

如果不使用 Struts 技术，应用 JSP、Servlet、JavaBean 也可以实现 MVC 模型。例如，我们可以用 JavaBean、Servlet 和 JSP 分别实现数据处理、动作控制和结果的显示功能。而 Struts 则提供了一个完整的技术构架. 可以进行更为方便的管理，应用 Struts 技术的结构如图 11-1 所示。

Struts 为 MVC 模型的应用提供了一种技术框架，其底层技术是 Java，并在此基础上引入了很多自定义的标识。尽管使用这种技术会牺牲一定的系统执行效率，但可以使系统更容易维护和升级。

在 MVC 框架推出的初期，Struts 1 拥有着其他 MVC 框架不可比拟的优势。对于 Struts 1 框架而言，因为它与 JSP/Servlet 耦合非常紧密，因而导致了许多不可避免的缺陷，随着 Web 应用的逐渐扩大，这些缺陷逐渐变成制约 Struts 1 发展的重要因素。

第 11 章 Struts 应用基础

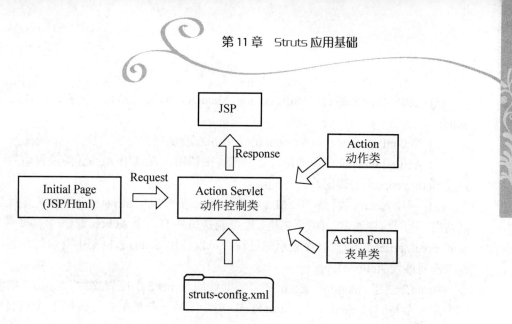

图 11-1 Struts 结构

（1）支持的表现层技术单一。Struts 1 只支持 JSP 作为表现层技术，不提供与其他表现层技术的整合，如 Velocity、FreeMarker 等。这一点严重制约了 Struts 1 框架的使用，对于目前的很多 Java EE 应用而言，并不一定使用 JSP 作为表现层技术。

（2）与 Servlet API 严重耦合，难于测试。因为 Struts 1 框架是在 Model 2 的基础上发展起来的，因此它完全是基于 Servlet API 的，所以在 Struts 1 的业务逻辑控制器内，充满了大量的 Servlet API。这就导致了其对 Web 服务器的严重依赖，一旦脱离了 Web 服务器，Action 的测试将非常困难。

（3）代码严重依赖于 Struts 1 API，属于侵入式设计。Struts 1 的 Action 类必须继承 Struts 1 的 Action 基类，实现处理方法时，又包含了大量 Struts 1 API。这种侵入式设计的最大弱点在于，一旦系统需要重构，这些 Action 类将完全没有利用价值，成为一堆废品。因此，Struts 1 的 Action 类的这种侵入式设计导致了较低的代码复用。

Struts 2 是以 WebWork 优秀的设计思想为核心，吸收了 Struts 1 的部分优点，建立起来的一个兼容 WebWork 和 Struts 1 的 MVC 框架。

11.1.2 Struts 2 的配置与应用

Struts 2 同样使用拦截器来处理，以用户的业务逻辑控制器为目标，创建一个控制器 Agent。控制器 Agent 负责处理用户请求，处理用户请求时回调业务控制器的 execute( ) 方法，该方法的返回值将决定 Struts 2 以怎样的视图资源呈现给用户。Struts 2 框架的大致处理流程如下：

（1）客户端初始化一个指向 Servlet 容器(如 GlassFish Server)的请求，形如/mypage.action、/login 等。

（2）这个请求经过一系列的过滤器(Filter)(其中有一个 ActionContextCleanUp 的可选过滤器，它对于 Struts 2 和其他框架的集成很有帮助)。

（3）接着核心控制器 FilterDispatcher 被调用，FilterDispatcher 询问 ActionMapper 来决定这个请求是否需要调用某个 Action。

（4）如果 ActionMapper 决定要调用某个 Action，FilterDispatcher 把请求的处理交给 ActionProxy。

(5) ActionProxy 通过 Configuration Manager 询问框架的配置文件，找到需要调用的 Action 类。

(6) ActionProxy 创建一个 ActionInvocation 的实例。

(7) ActionInvocation 实例使用命名模式来调用，在调用 Action 的过程前后，涉及相关拦截器(Intercepter)的调用。

(8) 一旦 Action 执行完毕，ActionInvocation 负责根据 struts.xml 中的配置找到对应的返回结果。返回结果通常是(但不总是，也可能是另外的一个 Action 链)一个需要被表示的 JSP 或者 FreeMarker 的模板。在表示的过程中可以使用 Struts 2 框架中继承的标签。在这个过程中需要涉及 ActionMapper。

Struts 2 创建 Action 的 Agent 时，需要使用 Struts 2 的配置文件。Struts 2 的配置文件有两个：一个是配置 Action 的 struts.xml 文件；另一个是配置 Struts 2 全局属性的 struts.properties 文件。

struts.xml 文件内定义了 Struts 2 的系列 Action，定义 Action 时，指定该 Action 的实现类，并定义该 Action 处理结果与视图资源之间的映射关系。关于 struts.xml 的常用配置信息可参考如下。

1. 包含配置

在默认情况下，Struts 2 将自动加载放在 WEB-INF\classes 路径下的 struts.xml 文件。在大部分应用中，随着应用规模的扩大，系统的 Action 数量大量增加，导致了 struts.xml 配置文件变得非常臃肿。

为了避免这种情况，可以将一个 struts.xml 文件分解成多个配置文件，然后在 struts.xml 文件中包含其他配置文件，如在 struts.xml 文件中使用以下配置方式：

```
<include file="struts-mod1.xml" />
```

通过这种方式提供了一种模块化的方式来管理 struts.xml 文件。

2. 常量配置

常量配置就是指定 Struts 2 全局属性文件 struts.properties 配置的一种方式。例如：

```
<constant name="struts.custom.i18n.resources" value="message" />
```

以上用于指定国际化资源文件的前缀是 message，当然也可以在 struts.properties 中配置，形式如下：

```
struts.custom.i18n.resources=message
```

还可以在 web.xml 中进行配置，作为 FilterDispatcher 的 init-param，形式如下：

```
<param-name>struts.custom.i18n.resources</param-name>
<param-value>message</param-value>
```

加载 Struts 2 常量时的搜索顺序如下：

(1) struts-default.xml。

(2) struts-plugin.xml。

(3) struts.xml。
(4) struts.properties。
(5) web.xml。

3. 包配置

Struts 2 使用包(package)来管理 Action 和拦截器等。配置该包时，必须指定一个 name 属性，用于指定包名，可以指定一个可选的 extends 属性是另一个包的名称，子包可以继承父包的拦截器、拦截器栈、Action 等配置。例如：

```
<package name="mod1" extends="struts-default" />
```

考虑在一个 Web 应用中需要同名的 Action，Struts 2 以命名空间的方式来管理 Action，同一个命名空间不能有同名的 Action，不同的命名空间可以有同名的 Action。如果不指定命名空间，则默认的命名空间是""，指定了命名空间之后，Action 的 URL 应该是命名空间+Action 名。例如：

```
<action name="register" extends="struts-default" namespace="\user" >...</action>
```

则对应的 Action 应该是\user\register.action。如果 namespace="\"，说明这是一个根命名空间。

如果指定了命名空间，但是在该命名空间中找不到该 Action，Struts 2 将会在默认的命名空间中继续查找，如果还找不到，则出现系统错误。

例如，请求\user\register.action，系统首先在命名空间\user 中查找，如果找到，使用该 action 进行处理，否则，系统将到默认的命名空间中查找，如果两个命名空间都找不到，出现系统错误。

4. 拦截器配置

拦截器的思想实际上就是面向切面编程(Aspect Oriented Programming，AOP)，我们可以使用拦截器跟踪日志、跟踪系统性能瓶颈等。拦截器的配置就是声明拦截器、引用拦截器以及声明拦截器栈。可以认为拦截器栈是由多个拦截器组成的一个大的拦截器。

定义拦截器和拦截器栈都在<interceptors />这个标记内。例如：

```
<interceptors>
    <interceptor name="log" class="cc.dynasoft.LogInterceptor" />
    <interceptor name="authority" class="cc.dynasoft. Authority Interceptor" />
    <interceptor name="timer" class="cc.dynasoft.TimerInterceptor" />
    <interceptor-stack name="default">
    <interceptor-ref name=" authority" />
    <interceptor-ref name=" timer" />
</interceptors>
```

引用拦截器是在 action 中。例如：

```
<action name="login" class="cc.dynasoft.LoginAction">
    ......
    <interceptor-ref name="log" />
</action>
```

5. 配置 Action

配置 Action 要使用 action 标签，action 标签有两个重要属性：name 和 class，name 是必须指定的，它既是 action 的名称，也是该 action 需要处理的 URL 的前半部分。如果 class 没有指定，默认是 ActionSupport。而 ActionSupport 默认处理就是返回一个 SUCCESS 字符串。

1) Action 中直接访问 servlet API

Action 中直接访问 servlet API 有以下两种方法：

- 如果需要访问 ServletContext，Action 类需要实现接口 ServletContextAware；如果需要访问 HttpServletRequest，Action 类需要实现接口 ServletRequestAware；如果需要访问 HttpServletResponse，Action 类需要实现接口 ServletResponseAware。
- Struts 2 提供了一个 ServletActionContext，这个类包含了访问 request、response 等静态方法。

提示！！！

即使在 Struts 2 的 Action 中获得了 HttpServletResponse 对象，也不要尝试直接在 Action 中生成对客户端的输出。如下面所示的代码是没有实际意义的。

```
response.getWriter().println("hello world!");
```

2) 动态方法调用

需要在提交表单的时候使用如下的格式：

```
action="ActionName!MethodName.action"
```

例如，action="Login!register.action"，这条语句的意思就是交给 Login Action 的 register 方法进行处理。

使用动态方法调用前必须设置 Struts 2 允许动态方法调用。开启系统的动态方法调用是通过设置 struts.enable.DynamicMethodInvocation 常量完成的，设置该常量的值为 true，将开启动态方法调用；否则将关闭动态方法调用。

3) 为 action 元素指定 method 属性

对 action 进行的配置如下：

```
<action name="Login" class="ch11.LoginAction" method="login" />
    ……
</action>
```

当 Login 的时候，将提交到 LoginAction 的 login 中。

4) 使用通配符

在配置 action 的时候，action 的三个属性 name、class 和 method 都可以使用通配符。

例如：

```
<action name="*Action" class="cc.dynasoft.LoginAction" method="{1}">
    ……
</action>
```

上面定义的不是一个普通的 action，而是定义了一系列的 action，只要 URL 是 *Action.action 的模式，都可以通过该 action 进行处理。但该 action 定义了一个表达式{1}，该表达式的值就是 name 属性值中的第一个*的值。

例如，如果用户请求的 URL 是 loginAction.action，则调用该 action 的 login 方法；如果用户请求的 URL 是 registerAction.action，则调用该 action 的 register 方法。

又如：

```
<action name="*_*" class="cc.dynasoft.{1}Action" method="{2}">
```

当一个 action 为 Book_save.action 的时候，将调用 BookAction 的 save 方法来处理用户请求。

5) 处理结果

Struts 2 通过在 struts.xml 文件中使用<result>元素来配置结果，根据<result>元素所在位置的不同，Struts 2 提供了两种结果。

局部结果：将<result>作为<action>元素的子元素配置。

全局结果：将<result>作为<global-result>元素的子元素配置。

以下列出比较标准的配置：

```
<result name="success" type="dispatcher">
    <param name="location" >/thank_you.jsp</param>
    <param name="parse" >true</param>
</result>
```

location：用于指定实际视图资源。

parse：该参数指定是否允许在实际视图名称中使用 ONGL 表达式，默认为 true；如果设置为 false 则不允许使用，通常不需要修改。

如果没有指定 name 属性，则默认是 success；如果没有指定 type，则默认就是 dispatcher，即 JSP。

表 11-1　Struts 2 内建支持的结果类型

类　　型	说　　明
chain	action 链式处理的结果类型，也就是将结果转发到这个 action 中
chart	整合 JFreeChart 的结果类型
dispatcher	用于整合 JSP 的结果类型
httpheader	用于控制特殊的 HTTP 行为的结果类型
jsf	用于整合 JSF 后的结果类型
freemarker	用于整合 freemarker 结果类型
tiles	用于整合 Tiles 后的结果类型
plaintext	用于显示某个页面的源代码
stream	用于向浏览器返回一个 Inputstream(用于文件下载)
redirect	实际上 dispatcher 和 redirect 的区别就是在于转发和重定向
redirect-action	用于直接 redirect action

续表

类型	说明
jasper	用于 JasperReports 整合的结果类型
xslt	用于整合 XML/XSLT 的结果类型
velocity	用于整合 Velocity 的结果类型

plaintext、redirect 及 redirect-action 的配置分别如下：

```xml
<result type="plaintext">
    <param name="location">/welcome.jsp</param>
    <!--设置字符集编码-->
    <param name="charset">GB2312</param>
</result>
<result type="redirect">
    /welcome.jsp
</result>
<result type=" redirect-action">
    <!--指定 action 的命名空间-->
    <param name="namespace">/ss</param>
<!--指定 action 的名字-->
    <param name="actionName">login </param>
</result>
```

6) 在请求结果中使用 ONGL 表达式

在请求结果中使用 ONGL(Object Graph Notation Language)表达式的示例如下：

```xml
<result type="redirect">edit.action?skillName=${currentSkill.name}</result>
```

上面的表达式语法中，要求 action 中必须包含 currentSkill 属性，并且 currentSkill 属性必须包含 name 属性，否则${currentSkill.name}表达式值为 null。

6. 异常处理

异常处理在 Struts 2 中采用可配置的方式来处理，主要是为了防止异常代码和 action 代码耦合。Struts 2 的异常处理机制是通过在 struts.xml 文件中配置<exception-mapping />元素完成的，配置该元素的时候，需要指定两个属性。

exception：此属性指定该异常映射所设置的异常类型。

result：出现此异常的时候，转入 result 属性所指向的结果。

根据<exception-mapping />元素出现的位置不同，异常映射又可分为两种，类似于 result，可以是局部，也可以是全局，局部优先。

局部异常映射：将<exception-mapping />作为 action 的子元素配置。

全局异常映射：将<exception-mapping />元素作为<global-exception-mappings>元素的子元素配置。

在 Struts 2 的核心包(如 struts2-core-2.1.6.jar)里面有一个名为 default.properties 的文件(具体路径是 org.apache.struts2.default.properties)，其中包含了 Struts 2 框架的一些"默认"配置属性。如果要更改这些 Struts 2 的默认属性，可以在下面两种方法中任选其一。

方法一：直接在 struts.xml 文件中利用<constant>元素来更改 default.properties 文件中的默认配置。例如：

```xml
<!-- 设置上传文件的临时目录 -->
<constant name="struts.multipart.saveDir" value="e:\temp"></constant>
```

方法二：也可以在路径"WEB-INF\classes"下建立一个名为"struts.properties"的文件，用来重新设置 default.properties 中默认配置。例如：

```
struts.multipart.saveDir=e:\temp
```

提示！！！

在更改配置文件"default.properties"默认属性的两种方法中，新建一个文件"struts.properties"这种方式可以将 Struts2 中的 Action 配置 和 properties 配置分离开来，通常这样更加合理。

11.1.3 Struts 2 的标签库

Struts 2 的标签库也是 Struts 2 的重要组成部分，Struts 2 的标签库提供了非常丰富的功能，这些标签库不仅提供了表现层数据处理功能，而且提供了基本的流程控制功能，还提供了国际化、Ajax 支持等功能。通过使用 Struts 2 的标签，开发者可以最大限度地减少页面代码的书写。

下面来看一个传统的 JSP 页面的表单定义片段：

```html
<!-- 定义一个Action -->
<form method="post" action="valid.action">
    <!-- 下面定义三个表单域 -->
    名字：<input type="text" name="name"/><br>
    年龄：<input type="text" name="age"/><br>
    性别：<input type="text" name="sex"/><br>
    <!-- 定义一个提交按钮 -->
    <input type="submit" value="提交"/>
</form>
```

上面定义的页面使用了传统的 HTML 标签定义表单元素，还不具备输出校验信息的功能，但如果换成如下使用 Struts 2 标签的定义方式，则页面代码更加简洁，而且有更简单的错误输出。

```html
<!-- 使用 Struts 2 标签定义一个表单 -->
<s:form method="post" action="valid.action">
    <!-- 下面使用Struts 2 标签定义三个表单域 -->
    <s:textfield label="名字" name="name"/>
    <s:textfield label="年龄" name="age"/>
    <s:textfield label="性别" name="sex"/>
    <!-- 定义一个提交按钮 -->
    <s:submit/>
</s:form>
```

Struts 2 的标签库的功能非常复杂，该标签库几乎可以完全替代 JSTL 的标签库。而且 Struts 2 的标签支持表达式语言 OGNL，因此功能非常强大。

11.2 相关实践知识

这是一个 Struts 注册用户信息的示例，要成功运行该示例，需要读者根据自己本地计算机的实际情况完成以下几个 JAR 包的下载和配置，以满足程序运行的基本软硬件环境：

- commons-fileupload-1.2.1.jar。
- commons-io-1.3.2.jar。
- commons-logging-1.1.jar。
- freemarker-2.3.13.jar。
- junit-3.8.1.jar。
- ognl-2.6.11.jar。
- spring-test-2.5.6.jar。
- struts2-convention-plugin-2.1.6.jar。
- struts2-core-2.1.6.jar。
- xwork-2.1.2.jar。

可以将上面列出的 JAR 包如本例所采用的方式直接 Import 导入或复制到 Web 应用的 WEB-INF\lib 路径下。如果在 Web 应用中需要使用 Struts 2 的更多特性，则需要将更多的 JAR 文件复制到 Web 应用的 WEB-INF\lib 路径下。如果需要在 DOS 或者 Shell 窗口下手动编译 Struts 2 相关的程序，则还应该将所需 JAR 包添加到系统的 CLASSPATH 环境变量里。

在这个示例中，我们演示了 Struts 2 的应用，基于 Struts 2 框架实现了一个用户信息注册的示例。该示例的具体步骤可参照如下。

(1) 新建一个项目名称为 11_1 的 Dynamic Web Project 应用程序，要记得勾选【Generate web.xml deployment descriptor】复选框，生成一个配置文件。

(2) 在文件夹"\WEB-INF\lib"上选择【File】→【Import…】选项，导入包 struts2-core-2.1.6.jar、xwork-2.1.2.jar、ognl-2.6.11.jar、freemarker-2.3.13.jar、commons-fileupload-1.2.1.jar、commons-io-1.3.2.jar、commons-logging-1.1.jar、junit-3.8.1.jar、spring-test-2.5.6.jar 和 struts2-convention-plugin-2.1.6.jar。

(3) 在文件夹"\src"下新建两个名称分别为 Country.java 和 RegisterAction.java 的类文件，设置 package(包)为"ch11"。

(4) 新建三个名称分别为 11_1.jsp、register.jsp 和 success.jsp 的 JSP 文件。

(5) 在文件夹"\src"下新建一个名称为 struts.xml 的 XML 文件(见图 11-2)。

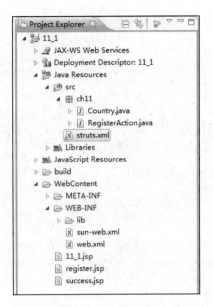

图 11-2 项目 11_1 的组织结构

(6) 打开文件 11_1.jsp，输入如示例 11-1 所示代码并保存。

示例 11-1 Struts 注册用户信息示例。

11_1.jsp

```
<%@page contentType="text/html" pageEncoding="UTF-8"%>
<!DOCTYPE HTML PUBLIC "-//W3C//DTD HTML 4.01 Transitional//EN"
                 "http://www.w3.org/TR/html4/loose.dtd">
<html>
  <head>
      <meta http-equiv="Refresh" content="0;URL=populateRegister.action">
      <title>CH11-11_1.jsp</title>
  </head>
  <body>
  </body>
</html>
```

(7) 打开文件 Country.java，输入如下所示代码并保存。

Country.java

```
package ch11;
public class Country {
    private int countryId;
    private String countryName;
    //构造函数
    Country(int countryId, String countryName)
    {
        this.countryId = countryId;
        this.countryName = countryName;
    }
```

```
    //获取countryId
    public int getCountryId() {
        return countryId;
    }
    //设置countryId
    public void setCountryId(int countryId) {
        this.countryId = countryId;
    }
    //获取countryName
    public String getCountryName() {
        return countryName;
    }
    //设置countryName
    public void setCountryName(String countryName) {
        this.countryName = countryName;
    }
}
```

(8) 打开文件 RegisterAction.java,输入如下所示代码并保存。

RegisterAction.java

```
package ch11;
import java.util.ArrayList;
import com.opensymphony.xwork2.ActionSupport;

public class RegisterAction extends ActionSupport {
    private String userName;            //用户名
    private String password;            //密码
    private String gender;              //姓名
    private String about;               //关于注册用户的其他信息
    private String country;             //国家
    private ArrayList<Country> countryList;    //国家列表
    private String[] community;         //感兴趣的学习社区
    private ArrayList<String> communityList;   //学习社区列表
    private Boolean mailingList;        //邮件列表
    public String populate() {
        countryList = new ArrayList<Country>();
        //在countryList中添加不同的countryId和countryName
        countryList.add(new Country(1, "India"));
        countryList.add(new Country(2, "USA"));
        countryList.add(new Country(3, "France"));
        communityList = new ArrayList<String>();
        //在communityList中添加值
        communityList.add("Java");
        communityList.add(".Net");
        communityList.add("SOA");
        //设置community的初始值
```

```java
        community = new String[]{"Java",".Net"};
        //设置 mailingList 初始值
        mailingList = true;
        return "populate";
    }
    public String execute() {
        return SUCCESS;
    }
    //获取用户名
    public String getUserName() {
        return userName;
    }
    //设置用户名
    public void setUserName(String userName) {
        this.userName = userName;
    }
    //获取密码
    public String getPassword() {
        return password;
    }
    //设置密码
    public void setPassword(String password) {
        this.password = password;
    }
    //获取性别
    public String getGender() {
        return gender;
    }
    //设置性别
    public void setGender(String gender) {
        this.gender = gender;
    }
    //获取 about
    public String getAbout() {
        return about;
    }
    //设置 about
    public void setAbout(String about) {
        this.about = about;
    }
    //获取 country
    public String getCountry() {
        return country;
    }
    //设置 country
    public void setCountry(String country) {
        this.country = country;
```

```java
        }
        //获取countryList
        public ArrayList<Country> getCountryList() {
            return countryList;
        }
        //设置countryList
        public void setCountryList(ArrayList<Country> countryList) {
            this.countryList = countryList;
        }
        //获取community
        public String[] getCommunity() {
            return community;
        }
        //设置community
        public void setCommunity(String[] community) {
            this.community = community;
        }
        //获取communityList
        public ArrayList<String> getCommunityList() {
            return communityList;
        }
        //设置communityList
        public void setCommunityList(ArrayList<String> communityList) {
            this.communityList = communityList;
        }
        //获取mailingList
        public Boolean getMailingList() {
            return mailingList;
        }
        //设置mailingList
        public void setMailingList(Boolean mailingList) {
            this.mailingList = mailingList;
        }
}
```

(9) 打开配置文件 web.xml，输入如下代码并保存。

web.xml

```xml
<?xml version="1.0" encoding="UTF-8"?>
<web-app xmlns:xsi="http://www.w3.org/2001/XMLSchema-instance"
xmlns="http:// java.sun.com/xml/ns/javaee"
xmlns:web="http://java.sun.com/xml/ns/javaee/web- app_2_5.xsd"
xsi:schemaLocation="http://java.sun.com/xml/ns/javaee
http://java. sun.com/xml/ns/javaee/web-app_3_0.xsd" id="WebApp_ID" version="3.0">
  <display-name>11_1</display-name>
  <filter>
      <filter-name>struts2</filter-name>
      <filter-class>
```

```xml
                org.apache.struts2.dispatcher.ng.filter.StrutsPrepareAndExecuteFilter
</filter-class>
    </filter>
    <filter-mapping>
        <filter-name>struts2</filter-name>
        <url-pattern>/*</url-pattern>
    </filter-mapping>
    <welcome-file-list>
        <welcome-file>11_1.jsp</welcome-file>
    </welcome-file-list>
</web-app>
```

(10) 打开 Struts 配置文件 struts.xml，输入如下所示代码并保存。

struts.xml

```xml
<!DOCTYPE struts PUBLIC
"-//Apache Software Foundation//DTD Struts Configuration 2.0//EN"
"http://struts.apache.org/dtds/struts-2.0.dtd">
<struts>
    <package name="default" extends="struts-default">
        <action name="*Register" method="{1}" class="ch11.RegisterAction">
            <result name="populate">/register.jsp</result>
            <result name="input">/register.jsp</result>
            <result name="success">/success.jsp</result>
        </action>
    </package>
</struts>
```

(11) 打开文件 register.jsp，输入如下所示代码并保存。

register.jsp

```jsp
<%@ page language="java" contentType="text/html; charset=UTF-8"%>
<!DOCTYPE html PUBLIC "-//W3C//DTD HTML 4.01 Transitional//EN" "http://www.w3.org/TR/html4/loose.dtd">
<%@taglib uri="/struts-tags" prefix="s"%>
<html>
    <head>
        <meta http-equiv="Content-Type" content="text/html; charset=UTF-8">
        <title>CH11-register.jsp</title>
    </head>
    <body>
        <center>
        <TABLE width=430 border=3 align="center" cellpadding=10>
            <TD align="center">
            <strong>
            <font face="arial" size=+2>Struts 应用示例</font></strong></TD>
        </TABLE>
        <br>
```

```
        <s:form action="Register">
            <s:textfield name="userName" label="User Name" />
            <s:password name="password" label="Password" />
            <s:radio name="gender" label="Gender" list="{'Male','Female'}" />
            <s:select name="country" list="countryList" listKey="countryId"
                listValue="countryName" headerKey="0" headerValue="Country"
                label="Select a country" />
            <s:textarea name="about" label="About You" />
            <s:checkboxlist list="communityList" name="community" label="Community" />
            <s:checkbox name="mailingList"
                label="Would you like to join our mailing list?" />
            <s:submit />
        </s:form>
    </center>
    </body>
</html>
```

(12) 打开文件 success.jsp，输入如下所示代码并保存。

success.jsp

```
<%@ page language="java" contentType="text/html; charset=UTF-8"%>
<!DOCTYPE html PUBLIC "-//W3C//DTD HTML 4.01 Transitional//EN" "http://www.w3.org/TR/html4/loose.dtd">
<%@taglib uri="/struts-tags" prefix="s"%>
<html>
    <head>
        <meta http-equiv="Content-Type" content="text/html; charset=UTF-8">
        <title>CH11-success.jsp</title>
    </head>
    <body>
        <center>
        <a href="11_1.jsp">返回</a>
        <h3>Struts 应用示例演示结果</h3>
        <hr>
        User Name: <s:property value="userName" /><br>
        Gender: <s:property value="gender" /><br>
        Country: <s:property value="country" /><br>
        About You: <s:property value="about" /><br>
        Community: <s:property value="community" /><br>
        Mailing List: <s:property value="mailingList" />
        </center>
    </body>
</html>
```

(13) 运行示例 11-1 中的程序(见图 11-3)。

(14) 依次输入或选择【User Name】、【Password】、【Gender】、【Select a country】、【About You】、【Community】等选项，然后单击【Submit】按钮提交(见图 11-4)。

图 11-3　运行示例 11-1 中的程序　　　图 11-4　Struts 注册示例演示成功结果

在 web.xml 这个配置文件中，我们增加了核心 Filter 的配置，<filter-name> 定义了核心 Filter 的名称为 struts2，<filter-class> 定义了核心 Filter 的实现类为 org.apache.struts2.dispatcher.ng.filter.StrutsPrepareAndExecuteFilter，<filter-mapping>则定义了 StrutsPrepareAndExecuteFilter 用来初始化 Struts 2 并且处理所有的 Web 请求。

为了能让 Action 处理用户请求，还要在 struts.xml 中配置 Action。struts.xml 文件应该放在\WEB-INF\classes 路径下，来定义 Action。定义 Struts 2 Action 时，除了需要指定该 Action 的实现类外，还需要定义 Action 处理结果和资源之间的映射关系。我们可以看到 struts 是 Struts 2 配置文件 struts.xml 的根元素。还要注意的是 Struts 2 的 Action 必须放在指定的包空间下定义，本例中用的包为 default。定义 Action 时，不仅在定义 Action 的实现类，而且在定义 Action 的处理结果时，指定了多个 result，result 元素指定了方法返回值和视图资源之间的映射关系。

Struts 2 支持大部分视图技术，当然也支持 JSP 视图技术。当用户需要注册信息时，需要一个简单的表单提交页面，register.jsp 这个表单提交页面包含了若干个表单域。我们注意到该表单的 action 属性为 Register，这个 action 属性比较特殊，它不是一个普通的 Servlet，也不是一个动态 JSP 页面。当表单提交给 Register 时，Struts 2 的 FilterDispatcher 将自动发生作用，将用户请求转发到对应的 Struts 2 Action。

RegisterAction.java 文件程序就是一个包含 execute( )方法的普通 Java 类，该类里包含的多个属性，用于封装用户的请求参数，另外还有一个 populate( )方法用于 register.jsp 页面初始化时加载页面中的各表单域。

对于本例的处理流程，可以简化如下：用户在 register.jsp 页面输入几个注册信息参数，然后向 Register.action 发送请求，该请求被 FilterDispatcher 转发给 ch11.RegisterAction 处理，如果 ch11.RegisterAction 处理用户请求返回 success 字符串，则返回给用户 success.jsp 页面；如果返回 input 或 register 字符串，则返回给用户 register.jsp 页面。

11.3 实 验 安 排

在顺利完成 11.1 节相关理论知识学习的基础上,按照教学任务的安排,独立完成如下实验内容:

实现基于 Struts 的用户信息注册(具体实验步骤可参照 11.2 节)。

11.4 相关知识总结与拓展

11.4.1 知识网络拓展

1. Struts 2 的标签库

Struts 2 里的标签只要在 jsp 头文件加上<%@ taglib prefix="s" uri="/struts-tags" %>就能使用。下面是每种标签的用法。

(1) A:

<s:a href=""></s:a>——超链接,类似于 HTML 中的<a></a>。

<s:action name=""></s:action>——执行一个 view 里面的一个 action。

<s:actionerror/>——如果 action 的 errors 有值则显示出来。

<s:actionmessage/>——如果 action 的 message 有值则显示出来。

<s:append></s:append>——添加一个值到 list,类似于 list.add( );。

<s:autocompleter></s:autocompleter>——自动完成<s:combobox>标签的内容,这个是 ajax。

(2) B:

<s:bean name=""></s:bean>——类似于 struts1.x 中的 JavaBean 的值。

(3) C:

<s:checkbox></s:checkbox>——复选框。

<s:checkboxlist list=""></s:checkboxlist>——多选框。

<s:combobox list=""></s:combobox>——下拉框。

<s:component></s:component>——图像符号。

(4) D:

<s:date/>——获取日期格式。

<s:datetimepicker></s:datetimepicker>——日期输入框。

<s:debug></s:debug>——显示错误信息。

<s:div></s:div>——表示一个块,类似于 HTML 的<div></div>。

<s:doubleselect list="" doubleName="" doubleList=""></s:doubleselect>——双下拉框。

(5) E:

<s:if test=""></s:if>。

<s:elseif test=""></s:elseif>。

<s:else></s:else>——这三个标签一起使用,表示条件判断。

(6) F：
<s:fielderror></s:fielderror>——显示文件错误信息。
<s:file></s:file>——文件上传。
<s:form action=""></s:form>——获取相应 form 的值。
(7) G：
<s:generator separator="" val=""></s:generator>——和<s:iterator>标签一起使用。
(8) H：
<s:head/>——在<head></head>里使用，表示头文件结束。
<s:hidden></s:hidden>——隐藏值。
(9) I：
<s:i18n name=""></s:i18n>——加载资源包到值堆栈。
<s:include value=""></s:include>——包含一个输出，Servlet 或 JSP 页面。
<s:inputtransferselect list=""></s:inputtransferselect>——获取 form 的一个输入。
<s:iterator></s:iterator>——用于遍历集合。
(10) L：
<s:label></s:label>——只读的标签。
(11) M：
<s:merge></s:merge>——合并遍历集合出来的值。
(12) O：
<s:optgroup></s:optgroup>——获取标签组。
<s:optiontransferselect doubleList="" list="" doubleName=""></s:optiontransferselect>——左右选择框。
(13) P：
<s:param></s:param>——为其他标签提供参数。
<s:password></s:password>——密码输入框。
<s:property/>——得到 value 的属性。
<s:push value=""></s:push>——value 的值 push 到栈中，从而使 property 标签的能够获取 value 的属性。
(14) R：
<s:radio list=""></s:radio>——单选按钮。
<s:reset></s:reset>——重置按钮。
(15) S：
<s:select list=""></s:select>——单选按钮。
<s:set name=""></s:set>——赋予变量一个特定范围内的值。
<s:sort comparator=""></s:sort>——通过属性给 list 分类。
<s:submit></s:submit>——提交按钮。
<s:subset></s:subset>——为遍历集合输出子集。
(16) T：
<s:tabbedPanel id=""></s:tabbedPanel>——表格框。

<s:table></s:table>——表格。

<s:text name=""></s:text>——I18n 文本信息。

<s:textarea></s:textarea>——文本域输入框。

<s:textfield></s:textfield>——文本输入框。

<s:token></s:token>——拦截器。

<s:tree></s:tree>——树。

<s:treenode label=""></s:treenode>——树的结构。

(17) U：

<s:updownselect list=""></s:updownselect>——多选择框。

<s:url></s:url>——创建 URL。

2. Java 开发中常用的 MVC 框架

除了 Struts 以外，目前，还有一些其他的常用的 MVC 框架，这些框架都提供了较好的层次分隔能力。在实现良好的 MVC 分隔的基础上，还提供一些辅助类库，帮助应用的开发。

1) JSF

目前，JSF 有两个实现产品可供选择，包含 Sun 的参考实现和 Apache 的 MyFaces。通常我们所说的 JSF 都是指 Sun 的参考实现。目前，JSF 是作为 J2EE 5.0 的一个组成部分，与 JEE 5.0 一起发布。

JSF 的行为方法在 POJO(Plain Old Java Objects)中实现，而它的 Managed Bean 无需继承任何特别的类。因此，无需在表单和模型对象之间实现多余的控制器层。JSF 中没有控制器对象，控制器行为通过模型对象实现。

实际上，JSF 也允许生成独立的控制器对象。在 Struts 1 中，Form Bean 包含数据，Action Bean 包含业务逻辑，二者无法融合在一起。但是在 JSF 中，既可以将二者分开，也可以合并在一个对象中，提供更多灵活的选择。

JSF 的事件框架可以细化到表单中的每个字段。JSF 依然是基于 JSP/Servlet 的，仍然是 JSP/Servlet 架构。除了上述这些优点，JSF 也会存在一些不足：

➢ 作为新兴的 MVC 框架，用户相对较少，相关资源也不是非常丰富。

➢ JSF 并不是一个完全组件化的框架，它依然是基于 JSP/Servlet 架构的。

➢ JSF 的成熟度还有待进一步提高。

2) Tapestry

Tapestry 并不是一种单纯的 MVC 框架，它更像 MVC 框架和模板技术的结合，它不仅包含了前端的 MVC 框架，还包含了一种视图层的模板技术，使用 Tapestry 完全可以与 Servlet/JSP API 分离，是一种非常优秀的设计。

通过使用 Tapestry，开发者完全不需要使用 JSP 技术，只需要使用 Tapestry 提供的模板技术即可，Tapestry 实现了视图逻辑和业务逻辑的彻底分离。

Tapestry 是完全组件化的框架，它使用组件库替代了标签库，没有标签库概念，从而避免了标签库和组件结合的问题。Tapestry 只有组件或页面这两个概念，因此，链接跳转目标要么是组件，要么是页面。

Tapestry 具有很高的代码复用性，在 Tapestry 中，任何对象都可看作可复用的组件。

Tapestry 还提供了精确的错误报告，可以将错误定位到源程序中的行，取代了 JSP 中的编译后的提示。

但是，在实际开发过程中，采用 Tapestry 也面临着一些问题：

> 国内学习和开发 Tapestry 的群体还不是非常活跃，文档不是十分丰富。官方的文档太过学院派，缺乏实际的示例程序。

> Tapestry 的组件逻辑比较复杂，再加上 OGNL 表达式和属性指定机制，因而难以添加注释。

3) Spring MVC

Spring 提供了一个细致完整的 MVC 框架。该框架为模型、视图、控制器之间提供了一种非常清晰的划分，各部分耦合极低。Spring 的 MVC 是非常灵活的，它完全基于接口编程，真正实现了视图无关。视图不再强制要求使用 JSP，可以使用 Velocity、XSLT 或其他视图技术，甚至可以使用自定义的视图机制——只需要简单地实现视图接口，并且把对应视图技术集成进来。这主要是因为它的视图解析策略：它的控制器返回一个 Model And View 对象，该对象包含视图名和 Model，Model 提供了 Bean 的名称及其对象的对应关系。视图名称解析的配置非常灵活，抽象的 Model 完全独立于表现层技术，不会与任何表现层耦合，因此，JSP、Velocity 或者其他的技术都可以和 Spring 整合。

Spring MVC 框架以 DispatcherServlet 为核心控制器，该控制器负责拦截用户的所有请求，将请求分发到对应的业务控制器，此外还包括处理器映射、视图解析、文件上传等。

和 Tapestry 框架相比较，Spring MVC 依然是基于 JSP/Servlet API 的。总体而言，Spring MVC 框架致力于一种完美的解决方案，并与 Web 应用紧紧耦合在一起，这也就导致了 Spring MVC 框架的一些缺点：

> Spring 的 MVC 与 Servlet API 耦合，难以脱离 Servlet 容器独立运行，降低了 Spring MVC 框架的可扩展性。

> 太过细化的角色划分，太过烦琐，降低了应用的开发效率。

3. Struts 2 框架全局属性配置文件 struts.properties 常见的配置项及说明

struts.properties 是 Struts 2 框架的全局属性文件，也是自动加载的文件。该文件包含了一系列的 key-value 对，这些 key-value 对完全可以配置在 struts.xml 文件中，使用 constant 元素。下面列出了该文件中一些常见的配置项及说明。

1) struts.configuration

该属性指定加载 Struts 2 配置文件的配置文件管理器。该属性的默认值是 org.apache.Struts2.config.DefaultConfiguration，这是 Struts 2 默认的配置文件管理器。如果需要实现自己的配置管理器，开发者可以实现一个实现 Configuration 接口的类，该类可以自己加载 Struts 2 配置文件。

2) struts.locale

该属性指定 Web 应用的默认 Locale。

3) struts.i18n.encoding

该属性指定 Web 应用的默认编码集。该属性对于处理中文请求参数非常有用，对于获取中文请求参数值，应该将该属性值设置为 GBK 或者 GB2312。

4) struts.objectFactory

该属性指定 Struts 2 默认的 ObjectFactory Bean。该属性默认值是 spring。

5) struts.objectFactory.spring.autoWrite

该属性指定 Spring 框架的自动装配模式。该属性的默认值是 name，即默认根据 Bean 的 name 属性自动装配。

6) struts.objectFactory.spring.useClassCache

该属性指定整合 Spring 框架时，是否缓存 Bean 实例。该属性只允许使用 true 和 false 两个属性值，它的默认值是 true。通常不建议修改该属性值。

7) struts.objectTypeDeterminer

该属性指定 Struts 2 的类型检测机制，通常支持 tiger 和 notiger 两个属性值。

8) struts.multipart.parser

该属性指定处理 multipart/form-data 的 MIME 类型(文件上传)请求的框架，该属性支持 cos、pell 和 jakarta 等属性值，即分别对应使用 cos 的文件上传框架、pell 上传及 jakarta 上传。

9) common-fileupload

该属性指定文件上传框架。该属性的默认值为 jakarta。如果需要使用 cos 或者 pell 的文件上传方式，则应该将对应的 JAR 文件复制到 Web 应用中。例如，使用 cos 上传方式，需要自己下载 cos 框架的 JAR 文件，并将该文件放在 WEB-INF/lib 路径下。

10) struts.multipart.saveDir

该属性指定上传文件的临时保存路径。该属性的默认值是 javax.servlet.context.tempdir。

11) struts.multipart.maxSize

该属性指定 Struts 2 文件上传中整个请求内容允许的最大字节数。

12) struts.custom.properties

该属性指定 Struts 2 应用加载用户自定义的属性文件，该自定义属性文件指定的属性不会覆盖 struts.properties 文件中指定的属性。如果需要加载多个自定义属性文件，多个自定义属性文件的文件名以英文逗号(,)隔开。

13) struts.mapper.class

该属性指定将 HTTP 请求映射到指定 Action 的映射器，Struts 2 提供了默认的映射器：org.apache.struts2.dispatcher.mapper.DefaultActionMapper。默认映射器根据请求的前缀与 Action 的 name 属性完成映射。

14) struts.action.extension

该属性指定需要 Struts 2 处理的请求扩展名。该属性的默认值是 action，即所有匹配 *.action 的请求都由 Struts 2 处理。如果用户需要指定多个请求扩展名，则多个扩展名之间以英文逗号(,)隔开。

15) struts.serve.static

该属性指定是否通过 JAR 文件提供静态内容服务，该属性只支持 true 和 false 属性值，默认属性值是 true。

16) struts.serve.static.browserCache

该属性指定浏览器是否缓存静态内容。当应用处于开发阶段时，我们希望每次请求都获得服务器的最新响应，则可设置该属性为 false。

17) struts.enable.DynamicMethodInvocation

该属性指定 Struts 2 是否支持动态方法调用。该属性的默认值是 true。如果需要关闭动态方法调用，则可设置该属性为 false。

18) struts.enable.SlashesInActionNames

该属性指定 Struts 2 是否允许在 Action 名中使用斜线。该属性的默认值是 false，如果开发者希望允许在 Action 名中使用斜线，则可设置该属性为 true。

19) struts.tag.altSyntax

该属性指定是否允许在 Struts 2 标签中使用表达式语法，因为通常都需要在标签中使用表达式语法，故此属性应该设置为 true。该属性的默认值是 true。

20) struts.devMode

该属性指定 Struts 2 应用是否使用开发模式。如果设置该属性为 true，则可以在应用出错时显示更多、更友好的出错提示。该属性只接受 true 和 false 两个值，该属性的默认值是 false。通常，在应用开发阶段，将该属性设置为 true；当进入产品发布阶段后，则该属性设置为 false。

21) struts.i18n.reload

该属性指定是否每次 HTTP 请求到达时，系统都重新加载资源文件。该属性默认值是 false。在开发阶段将该属性设置为 true 会更有利于开发，但在产品发布阶段应将该属性设置为 false。如果开发阶段将该属性设置为 true，将可以在每次请求时都重新加载国际化资源文件，从而可以让开发者看到实时开发效果。在产品发布阶段应该将该属性设置为 false，是为了提供响应性能，每次请求都需要重新加载资源文件会大大降低应用的性能。

22) struts.ui.theme

该属性指定视图标签默认的视图主题。该属性的默认值是 xhtml。

23) struts.ui.templateDir

该属性指定视图主题所需要模板文件的位置。该属性的默认值是 template，即默认加载 template 路径下的模板文件。

24) struts.ui.templateSuffix

该属性指定模板文件的扩展名，该属性的默认属性值是 ftl。该属性还允许使用 ftl、vm 或 jsp，分别对应 FreeMarker、Velocity 和 JSP 模板。

25) struts.configuration.xml.reload

该属性指定当 struts.xml 文件改变后，系统是否自动重新加载该文件。该属性的默认值是 false。

26) struts.velocity.configfile

该属性指定 Velocity 框架所需的 velocity.properties 文件的位置。该属性的默认值为 velocity.properties。

27) struts.velocity.contexts

该属性指定 Velocity 框架的 Context 位置。如果该框架有多个 Context，则多个 Context 之间以英文逗号(,)隔开。

28) struts.velocity.toolboxlocation

该属性指定 Velocity 框架的 toolbox 的位置。

29) struts.url.http.port

该属性指定 Web 应用所在的监听端口。该属性通常没有太大的用户,只是当 Struts 2 需要生成 URL 时(例如 URL 标签),该属性才提供 Web 应用的默认端口。

30) struts.url.https.port

该属性类似于 struts.url.http.port 属性的作用,区别是该属性指定的是 Web 应用的加密服务端口。

31) struts.url.includeParams

该属性指定 Struts 2 生成 URL 时是否包含请求参数。该属性接受 none、get 和 all 三个属性值,分别对应于不包含、仅包含 GET 类型请求参数和包含全部请求参数。

32) struts.custom.i18n.resources

该属性指定 Struts 2 应用所需要的国际化资源文件,如果有多份国际化资源文件,则多个资源文件的文件名以英文逗号(,)隔开。

33) struts.dispatcher.parametersWorkaround

对于某些 Java EE 服务器,不支持 HttpServletRequest 调用 getParameterMap( )方法,此时可以设置该属性值为 true 来解决该问题。该属性的默认值是 false。对于 WebLogic、Orion 和 OC4J 服务器,通常应该设置该属性为 true。

34) struts.freemarker.manager.classname

该属性指定 Struts 2 使用的 FreeMarker 管理器。该属性的默认值是 org.apache.struts2.views.freemarker.FreemarkerManager,这是 Struts 2 内建的 FreeMarker 管理器。

35) struts.freemarker.wrapper.altMap

该属性只支持 true 和 false 两个属性值,默认值是 true。通常无需修改该属性值。

36) struts.xslt.nocache

该属性指定 XSLT Result 是否使用样式表缓存。当应用处于开发阶段时,该属性通常被设置为 true;当应用处于产品使用阶段时,该属性通常被设置为 false。

37) struts.configuration.files

该属性指定 Struts 2 框架默认加载的配置文件,如果需要指定默认加载多个配置文件,则多个配置文件的文件名之间以英文逗号(,)隔开。该属性的默认值为 struts-default.xml、struts-plugin.xml、struts.xml,看到该属性值,读者应该明白为什么 Struts 2 框架默认加载 struts.xml 文件了。

11.4.2 其他知识补充

(1) Apache Struts Project,可下载 Struts 最新版本(http://struts.apache.org/)。

(2) 本书示例所使用 struts2-2.1.6 等相关包可下载(http://grepcode.com/snapshot/repo1.maven.org/maven2/org.apache.struts/struts2-core/2.1.6)。

(3) POJO(Plain Old Java Objects)——互动百科(http://www.hudong.com/wiki/POJO)。

(4) WebWork——百度百科(http://baike.baidu.com/view/25660.htm)。

(5) AOP(Aspect Oriented Programming)——百度百科(http://baike.baidu.com/view/73626.htm)。

(6) OGNL(Object Graph Notation Language)(http://struts.apache.org/2.0.11.1/docs/ognl.html)。

(7) JSTL(JavaServer Pages Standard Tag Library)(http://www.oracle.com/technetwork/java/jstl-137486.html)。

习 题

1. 简答题

(1) 在 Java Web 应用程序开发中为什么要使用 Struts 这样的框架？

(2) Struts 2 中的标签和传统的 HTML 标签相比有哪些好处？

(3) Struts 2 在实现 MVC 的过程中还存在哪些不足？

(4) 用自己的话简要阐述 Struts 2 的执行流程。

(5) 简述以下代码完成的任务。

```
<action name="Login" class="example.Login">
<result name="success" type="dispatcher">
<param name="location">/thank_you.jsp</param>
```

2. 填空题

(1) 标签的_____属性可以指定接收表单数据的网页名称或 Servlet 名称。

(2) Struts 2 的主要功能是由_____实现的。

(3) Struts 2 中的 Action 类属于 MVC 中的_____层。

(4) 任何 MVC 框架都需要与 WEB 应用整合，这就不得不借助于_____文件。

(5) 在 struts.xml 文件中，代表一个基本控制流程的标签是_____。

(6) Struts 2 的体系结构主要由标签库、配置文件、控制器组件和_____组成。

(7) 如果要在 JSP 页面中使用 Struts 2 提供的标签库，首先必须在页面中使用 taglib 编译指令导入标签库，其中 taglib 编译指令为_____。

3. 选择题

(1) 下面关于标签 Tag 的说法，错误的是_____。

　　A．JSP 标签简化了 JSP 页面的开发和维护

　　B．JSP 技术没有提供在自定义标签中封装其他动态功能的机制

　　C．自定义标签通过封装反复执行的任务使它们可以在多个应用程序中重复使用

　　D．自定义标签通常是以标签库的形式出现的

(2) 下列关于 JSTL 的说法，错误的是_____。

　　A．JSTL 是指标准标记库

　　B．JSTL 在应用程序服务器之间提供了一致的接口，最大程序地提高了 Web 应用在各应用服务器之间的移植

　　C．JSTL 简化了 JSP 和 Web 应用程序的开发

　　D．JSTL 增加了 JSP 中的 scriptlet 代码数量

(3) MVC 模式不包括层_____。

　　A．模型层　　　B．管理层　　　C．视图层　　　D．控制层

(4) Servlet 通过什么_____可以实现请求转发机制。

　　A．HttpServletRequest　　　　B．RequestDispatcher

C．HttpServletResponse　　　　D．Filter

(5) 相比于 Struts 2，下列关于 Struts 1 存在的问题，说法不正确的是_____。
　　A．支持表现层技术单一
　　B．与 Struts 2 API 严重耦合，难以测试
　　C．代码严重依赖于 Struts API，属于侵入式设计
　　D．需要配置文件，过程烦琐

(6) Struts 2 为 Action 提供了五个标准的字符串常量，不包括_____。
　　A．SUCCESS　　　　　　　　B．NONE
　　C．REG　　　　　　　　　　D．LOGIN

4．程序设计

利用 Struts 2 设计 JSP Web 页面，实现登录验证。要求：
(1) 设计 JSP、Action 及 struts.xml 中的关键代码。
(2) 在 Action 中完成登录用户名和密码的验证，不需要访问数据库。
(3) 正确的用户名为 admin，密码为 123456。

5．综合案例 10

在综合案例 9 的基础上，完成以下功能的实现。
(1) 对其用户注册功能使用 Struts 来实现。
(2) 完成商品购物车→订单生成→商品发货→订单结束过程。
(3) 实现商品由 XML 改为数据库来保存。(选做)
(4) 加入 Struts 2 国际化功能。(选做)
(5) 订单过程加入工作流技术。(选做)
(6) 加入银行支付接口的实现。(选做)
(7) 对其他模块的 Struts 2 实现。(选做)

参 考 文 献

[1] 姜志强. Java 语言程序设计. 北京：电子工业出版社，2007.
[2] 王晓悦. JAVA-JDK、数据库系统开发、Web 开发. 北京：人民邮电出版社，2007.
[3] 叶核亚. Java2 程序设计实用教程. 北京：电子工业出版社，2007.
[4] 马军，王灏. Java 完全自学手册. 北京：机械工业出版社，2007.
[5] 陈艳华. Java2 面向对象程序设计基础与实例解析. 北京：清华大学出版社，2007.
[6] [美]Bruce Eckel. Java 编程思想. 2 版. 侯捷，译. 北京：机械工业出版社，2005.
[7] 林上杰，林康司. JSP 2.0 技术手册. 北京：电子工业出版社，2004.
[8] 刘晓华，张健，周慧贞. JSP 应用开发详解. 3 版. 北京：电子工业出版，2007.
[9] 王永茂. JSP 程序设计——用 JSP 开发 WEB 应用. 北京：清华大学出版社，2010.
[10] 耿祥义，张跃平. JSP 实用教程. 2 版. 北京：清华大学出版社，2007.
[11] [美]Bergsten H. JSP 设计/O'Reilly Java 系列. 3 版. 林琪，朱涛江，译. 北京：中国电力出版社，2004.
[12] [美]霍尔，[美]布朗，[美]蔡金. Servlet 与 JSP 核心编程. 2 卷. 2 版. 胡书敏，等译. 北京：清华大学出版社，2009.
[13] 耿祥义，张跃平. JSP 大学实用教程. 2 版. 北京：电子工业出版社，2012.
[14] 王小宁，张广彬，尚新生，等. JSP 课程设计案例精编(高等院校课程设计案例精编). 2 版. 北京：清华大学出版社，2011.
[15] 李兴华，王月. 名师讲坛：Java Web 开发实战经典基础篇(JSP、Servlet、Struts、Ajax). 北京：清华大学出版社，2010.
[16] 张银鹤. JSP 完全学习手册. 北京：清华大学出版社，2008.
[17] 常建功. Java Web 典型模块与项目实战大全. 北京：清华大学出版社，2011.

北京大学出版社本科计算机系列实用规划教材

序号	标准书号	书名	主编	定价	序号	标准书号	书名	主编	定价
1	7-301-10511-5	离散数学	段禅伦	28	38	7-301-13684-3	单片机原理及应用	王新颖	25
2	7-301-10457-X	线性代数	陈付贵	20	39	7-301-14505-0	Visual C++程序设计案例教程	张荣梅	30
3	7-301-10510-X	概率论与数理统计	陈荣江	26	40	7-301-14259-2	多媒体技术应用案例教程	李 建	30
4	7-301-10503-0	Visual Basic 程序设计	闵联营	22	41	7-301-14503-6	ASP .NET 动态网页设计案例教程(Visual Basic .NET 版)	江 红	35
5	7-301-21752-8	多媒体技术及其应用(第2版)	张 明	39	42	7-301-14504-3	C++面向对象与 Visual C++程序设计案例教程	黄贤英	35
6	7-301-10466-8	C++程序设计	刘天印	33	43	7-301-14506-7	Photoshop CS3 案例教程	李建芳	34
7	7-301-10467-5	C++程序设计实验指导与习题解答	李 兰	20	44	7-301-14510-4	C++程序设计基础案例教程	于永彦	33
8	7-301-10505-4	Visual C++程序设计教程与上机指导	高志伟	25	45	7-301-14942-3	ASP .NET 网络应用案例教程(C# .NET 版)	张登辉	33
9	7-301-10462-0	XML 实用教程	丁跃潮	26	46	7-301-12377-5	计算机硬件技术基础	石 磊	26
10	7-301-10463-7	计算机网络系统集成	斯桃枝	22	47	7-301-15208-9	计算机组成原理	娄国焕	24
11	7-301-22437-3	单片机原理及应用教程(第2版)	范立南	43	48	7-301-15463-2	网页设计与制作案例教程	房爱莲	36
12	7-5038-4421-3	ASP .NET 网络编程实用教程(C#版)	崔良海	31	49	7-301-04852-8	线性代数	姚喜妍	22
13	7-5038-4427-2	C 语言程序设计	赵建锋	25	50	7-301-15461-8	计算机网络技术	陈代武	33
14	7-5038-4420-5	Delphi 程序设计基础教程	张世明	37	51	7-301-15697-1	计算机辅助设计二次开发案例教程	谢安俊	26
15	7-5038-4417-5	SQL Server 数据库设计与管理	姜 力	31	52	7-301-15740-4	Visual C# 程序开发案例教程	韩朝阳	30
16	7-5038-4424-9	大学计算机基础	贾丽娟	34	53	7-301-16597-3	Visual C++程序设计实用案例教程	于永彦	32
17	7-5038-4430-0	计算机科学与技术导论	王昆仑	30	54	7-301-16850-9	Java 程序设计案例教程	胡巧多	32
18	7-5038-4418-3	计算机网络应用实例教程	魏 峥	25	55	7-301-16842-4	数据库原理与应用 (SQL Server 版)	毛一梅	36
19	7-5038-4415-9	面向对象程序设计	冷英男	28	56	7-301-16910-0	计算机网络技术基础与应用	马秀峰	33
20	7-5038-4429-4	软件工程	赵春刚	22	57	7-301-15063-4	计算机网络基础与应用	刘远生	32
21	7-5038-4431-0	数据结构(C++版)	秦 锋	28	58	7-301-15250-8	汇编语言程序设计	张光长	28
22	7-5038-4423-2	微机应用基础	吕晓燕	33	59	7-301-15064-1	网络安全技术	骆耀祖	30
23	7-5038-4426-4	微型计算机原理与接口技术	刘彦文	26	60	7-301-15584-4	数据结构与算法	佟伟光	32
24	7-5038-4425-6	办公自动化教程	钱 俊	30	61	7-301-17087-8	操作系统实用教程	范立南	36
25	7-5038-4419-1	Java 语言程序设计实用教程	董迎红	33	62	7-301-16631-4	Visual Basic 2008 程序设计教程	隋晓红	34
26	7-5038-4428-0	计算机图形技术	龚声蓉	28	63	7-301-17537-8	C 语言基础案例教程	汪新民	31
27	7-301-11501-5	计算机软件技术基础	高 巍	25	64	7-301-17397-8	C++程序设计基础教程	鄢亚辉	30
28	7-301-11500-8	计算机组装与维护实用教程	崔明远	33	65	7-301-17578-1	图论算法理论、实现及应用	王桂平	54
29	7-301-12174-0	Visual FoxPro 实用教程	马秀峰	29	66	7-301-17964-2	PHP 动态网页设计与制作案例教程	房爱莲	42
30	7-301-11500-8	管理信息系统实用教程	杨月江	27	67	7-301-18514-8	多媒体开发与编程	于永彦	35
31	7-301-11445-2	Photoshop CS 实用教程	张 瑾	28	68	7-301-18538-4	实用计算方法	徐亚平	24
32	7-301-12378-2	ASP .NET 课程设计指导	潘志红	35	69	7-301-18539-1	Visual FoxPro 数据库设计案例教程	谭红杨	35
33	7-301-12394-2	C# .NET 课程设计指导	龚自霞	32	70	7-301-19313-6	Java 程序设计案例教程与实训	董迎红	45
34	7-301-13259-3	VisualBasic .NET 课程设计指导	潘志红	30	71	7-301-19389-1	Visual FoxPro 实用教程与上机指导（第2版）	马秀峰	40
35	7-301-12371-5	网络工程实用教程	汪新民	34	72	7-301-19435-5	计算方法	尹景本	28
36	7-301-14132-8	J2EE 课程设计指导	王立丰	32	73	7-301-19388-4	Java 程序设计教程	张剑飞	35
37	7-301-21088-8	计算机专业英语(第2版)	张 勇	42	74	7-301-19386-0	计算机图形技术(第2版)	许承东	44

序号	标准书号	书 名	主 编	定价	序号	标准书号	书 名	主 编	定价
75	7-301-15689-6	Photoshop CS5 案例教程(第2版)	李建芳	39	86	7-301-16528-7	C#程序设计	胡艳菊	40
76	7-301-18395-3	概率论与数理统计	姚喜妍	29	87	7-301-21271-4	C#面向对象程序设计及实践教程	唐 燕	45
77	7-301-19980-0	3ds Max 2011 案例教程	李建芳	44	88	7-301-21295-0	计算机专业英语	吴丽君	34
78	7-301-20052-0	数据结构与算法应用实践教程	李文书	36	89	7-301-21341-4	计算机组成与结构教程	姚玉霞	42
79	7-301-12375-1	汇编语言程序设计	张宝剑	36	90	7-301-21367-4	计算机组成与结构实验实训教程	姚玉霞	22
80	7-301-20523-5	Visual C++程序设计教程与上机指导(第2版)	牛江川	40	91	7-301-22119-8	UML 实用基础教程	赵春刚	36
81	7-301-20630-0	C#程序开发案例教程	李挥剑	39	92	7-301-22965-1	数据结构(C 语言版)	陈超祥	32
82	7-301-20898-4	SQL Server 2008 数据库应用案例教程	钱哨	38	93	7-301-23122-7	算法分析与设计教程	秦 明	29
83	7-301-21052-9	ASP.NET 程序设计与开发	张绍兵	39	94	7-301-23566-9	ASP.NET 程序设计实用教程(C#版)	张荣梅	44
84	7-301-16824-0	软件测试案例教程	丁宋涛	28	95	7-301-23734-2	JSP 设计与开发案例教程	杨田宏	32
85	7-301-20328-6	ASP. NET 动态网页案例教程(C#.NET 版)	江 红	45					

北京大学出版社电气信息类教材书目(已出版)
欢迎选订

序号	标准书号	书名	主编	定价	序号	标准书号	书名	主编	定价
1	7-301-10759-1	DSP技术及应用	吴冬梅	26	45	7-301-19174-3	传感器基础(第2版)	赵玉刚	32
2	7-301-10760-7	单片机原理与应用技术	魏立峰	25	46	7-5038-4396-9	自动控制原理	潘丰	32
3	7-301-10765-2	电工学	蒋中	29	47	7-301-10512-2	现代控制理论基础(国家级十一五规划教材)	侯媛彬	20
4	7-301-19183-5	电工与电子技术(上册)(第2版)	吴舒辞	30	48	7-301-11151-2	电路基础学习指导与典型题解	公茂法	32
5	7-301-19229-0	电工与电子技术(下册)(第2版)	徐卓农	32	49	7-301-12326-3	过程控制与自动化仪表	张井岗	36
6	7-301-10699-0	电子工艺实习	周春阳	19	50	7-301-23271-2	计算机控制系统(第2版)	徐文尚	48
7	7-301-10744-7	电子工艺学教程	张立毅	32	51	7-5038-4414-0	微机原理与接口技术	赵志诚	38
8	7-301-10915-6	电子线路CAD	吕建平	34	52	7-301-10465-1	单片机原理及应用教程	范立南	30
9	7-301-10764-1	数据通信技术教程	吴延海	29	53	7-5038-4426-4	微型计算机原理与接口技术	刘彦文	26
10	7-301-18784-5	数字信号处理(第2版)	阎毅	32	54	7-301-12562-5	嵌入式基础实践教程	杨刚	30
11	7-301-18889-7	现代交换技术(第2版)	姚军	36	55	7-301-12530-4	嵌入式ARM系统原理与实例开发	杨宗德	25
12	7-301-10761-4	信号与系统	华容	33	56	7-301-13676-8	单片机原理与应用及C51程序设计	唐颖	30
13	7-301-19318-1	信息与通信工程专业英语(第2版)	韩定定	32	57	7-301-13577-8	电力电子技术及应用	张润和	38
14	7-301-10757-7	自动控制原理	袁德成	29	58	7-301-20508-2	电磁场与电磁波(第2版)	邬春明	30
15	7-301-16520-1	高频电子线路(第2版)	宋树祥	35	59	7-301-12179-5	电路分析	王艳红	38
16	7-301-11507-7	微机原理与接口技术	陈光军	34	60	7-301-12380-5	电子测量与传感技术	杨雷	35
17	7-301-11442-1	MATLAB基础及其应用教程	周开利	24	61	7-301-14461-9	高电压技术	马永翔	28
18	7-301-11508-4	计算机网络	郭银景	31	62	7-301-14472-5	生物医学数据分析及其MATLAB实现	尚志刚	25
19	7-301-12178-8	通信原理	隋晓红	32	63	7-301-14460-2	电力系统分析	曹娜	35
20	7-301-12175-7	电子系统综合设计	郭勇	25	64	7-301-14459-6	DSP技术及应用基础	俞一彪	34
21	7-301-11503-9	EDA技术基础	赵明富	22	65	7-301-14994-2	综合布线系统基础教程	吴达金	24
22	7-301-12176-4	数字图像处理	曹茂永	23	66	7-301-15168-6	信号处理MATLAB实验教程	李杰	20
23	7-301-12177-1	现代通信系统	李白萍	27	67	7-301-15440-3	电工电子实验教程	魏伟	26
24	7-301-12340-9	模拟电子技术	陆秀令	28	68	7-301-15445-8	检测与控制实验教程	魏伟	24
25	7-301-13121-3	模拟电子技术实验教程	谭海曙	24	69	7-301-04595-4	电路与模拟电子技术	张绪光	35
26	7-301-11502-2	移动通信	郭俊强	22	70	7-301-15458-8	信号、系统与控制理论(上、下册)	邱德润	70
27	7-301-11504-6	数字电子技术	梅开乡	30	71	7-301-15786-2	通信网的信令系统	张云麟	24
28	7-301-18860-6	运筹学(第2版)	吴亚丽	28	72	7-301-23674-1	发电厂变电所电气部分(第2版)	马永翔	48
29	7-5038-4407-2	传感器与检测技术	祝诗平	30	73	7-301-16076-3	数字信号处理	王震宇	32
30	7-5038-4413-3	单片机原理及应用	刘刚	24	74	7-301-16931-5	微机原理及接口技术	肖洪兵	32
31	7-5038-4409-6	电机与拖动	杨天明	27	75	7-301-16932-2	数字电子技术	刘金华	30
32	7-5038-4411-9	电力电子技术	樊立萍	25	76	7-301-16933-9	自动控制原理	丁红	32
33	7-5038-4399-0	电力市场原理与实践	邹斌	24	77	7-301-17540-8	单片机原理及应用教程	周广兴	40
34	7-5038-4405-8	电力系统继电保护	马永翔	27	78	7-301-17614-6	微机原理与接口技术实验指导书	李干林	22
35	7-5038-4397-6	电力系统自动化	孟祥忠	25	79	7-301-12379-9	光纤通信	卢志茂	28
36	7-5038-4404-1	电气控制技术	韩顺杰	22	80	7-301-17382-4	离散信息论基础	范九伦	25
37	7-5038-4403-4	电器与PLC控制技术	陈志新	38	81	7-301-17677-1	新能源与分布式发电技术	朱永强	32
38	7-5038-4400-3	工厂供配电	王玉华	34	82	7-301-17683-2	光纤通信	李丽君	26
39	7-5038-4410-2	控制系统仿真	郑恩让	26	83	7-301-17700-6	模拟电子技术	张绪光	36
40	7-5038-4398-3	数字电子技术	李元	27	84	7-301-17318-3	ARM嵌入式系统基础与开发教程	丁文龙	36
41	7-5038-4412-6	现代控制理论	刘永信	22	85	7-301-17797-6	PLC原理及应用	缪志农	26
42	7-5038-4401-0	自动化仪表	齐志才	27	86	7-301-17986-4	数字信号处理	王玉德	32
43	7-5038-4408-9	自动化专业英语	李国厚	32	87	7-301-18131-7	集散控制系统	周荣富	36
44	7-301-23081-7	集散控制系统(第2版)	刘翠玲	36	88	7-301-18285-7	电子线路CAD	周荣富	41

序号	标准书号	书名	主编	定价	序号	标准书号	书名	主编	定价
89	7-301-16739-7	MATLAB 基础及应用	李国朝	39	123	7-301-21849-5	微波技术基础及其应用	李泽民	49
90	7-301-18352-6	信息论与编码	隋晓红	24	124	7-301-21688-0	电子信息与通信工程专业英语	孙桂芝	36
91	7-301-18260-4	控制电机与特种电机及其控制系统	孙冠群	42	125	7-301-22110-5	传感器技术及应用电路项目化教程	钱裕禄	30
92	7-301-18493-6	电工技术	张莉	26	126	7-301-21672-9	单片机系统设计与实例开发（MSP430）	顾涛	44
93	7-301-18496-7	现代电子系统设计教程	宋晓梅	36	127	7-301-22112-9	自动控制原理	许丽佳	30
94	7-301-18672-5	太阳能电池原理与应用	靳瑞敏	25	128	7-301-22109-9	DSP 技术及应用	董胜	39
95	7-301-18314-4	通信电子线路及仿真设计	王鲜芳	29	129	7-301-21607-1	数字图像处理算法及应用	李文书	48
96	7-301-19175-0	单片机原理与接口技术	李升	46	130	7-301-22111-2	平板显示技术基础	王丽娟	52
97	7-301-19320-4	移动通信	刘维超	39	131	7-301-22448-9	自动控制原理	谭功全	44
98	7-301-19447-8	电气信息类专业英语	缪志农	40	132	7-301-22474-8	电子电路基础实验与课程设计	武林	36
99	7-301-19451-5	嵌入式系统设计及应用	邢吉生	44	133	7-301-22484-7	电文化——电气信息学科概论	高心	30
100	7-301-19452-2	电子信息类专业 MATLAB 实验教程	李明明	42	134	7-301-22436-6	物联网技术案例教程	崔逊学	40
101	7-301-16914-8	物理光学理论与应用	宋贵才	32	135	7-301-22598-1	实用数字电子技术	钱裕禄	30
102	7-301-16598-0	综合布线系统管理教程	吴达金	39	136	7-301-22529-5	PLC 技术与应用(西门子版)	丁金婷	32
103	7-301-20394-1	物联网基础与应用	李蔚田	44	137	7-301-22386-4	自动控制原理	佟威	30
104	7-301-20339-2	数字图像处理	李云红	36	138	7-301-22528-8	通信原理实验与课程设计	邬春明	34
105	7-301-20340-8	信号与系统	李云红	29	139	7-301-22582-0	信号与系统	许丽佳	38
106	7-301-20505-1	电路分析基础	吴舒辞	38	140	7-301-22447-2	嵌入式系统基础实践教程	韩磊	35
107	7-301-22447-2	嵌入式系统基础实践教程	韩磊	35	141	7-301-22776-3	信号与线性系统	朱明早	33
108	7-301-20506-8	编码调制技术	黄平	26	142	7-301-22872-2	电机、拖动与控制	万芳瑛	34
109	7-301-20763-5	网络工程与管理	谢慧	39	143	7-301-22882-1	MCS-51 单片机原理及应用	黄翠翠	34
110	7-301-20845-8	单片机原理与接口技术实验与课程设计	徐懂理	26	144	7-301-22936-1	自动控制原理	邢春芳	39
111	301-20725-3	模拟电子线路	宋树祥	38	145	7-301-22920-0	电气信息工程专业英语	余兴波	26
112	7-301-21058-1	单片机原理与应用及其实验指导书	邵发森	44	146	7-301-22919-4	信号分析与处理	李会容	39
113	7-301-20918-2	Mathcad 在信号与系统中的应用	郭仁春	30	147	7-301-22385-7	家居物联网技术开发与实践	付蔚	39
114	7-301-20327-9	电工学实验教程	王士军	34	148	7-301-23124-1	模拟电子技术学习指导及习题精选	姚娅川	30
115	7-301-16367-2	供配电技术	王玉华	49	149	7-301-23022-0	MATLAB 基础及实验教程	杨成慧	36
116	7-301-20351-4	电路与模拟电子技术实验指导书	唐颖	26	150	7-301-23221-7	电工电子基础实验及综合设计指导	盛桂珍	32
117	7-301-21247-9	MATLAB 基础与应用教程	王月明	32	151	7-301-23473-0	物联网概论	王平	38
118	7-301-21235-6	集成电路版图设计	陆学斌	36	152	7-301-23639-0	现代光学	宋贵才	36
119	7-301-21304-9	数字电子技术	秦长海	49	153	7-301-23705-2	无线通信原理	许晓丽	42
120	7-301-21366-7	电力系统继电保护(第 2 版)	马永翔	42	154	7-301-23736-6	电子技术实验教程	司朝良	33
121	7-301-21450-3	模拟电子与数字逻辑	邬春明	39	155	7-301-23754-0	工控组态软件及应用	何坚强	49
122	7-301-21439-8	物联网概论	王金甫	42	156	7-301-23877-6	EDA 技术及数字系统的应用	包明	55

相关教学资源如电子课件、电子教材、习题答案等可以登录 www.pup6.com 下载或在线阅读。

扑六知识网(www.pup6.com)有海量的相关教学资源和电子教材供阅读及下载(包括北京大学出版社第六事业部的相关资源)，同时欢迎您将教学课件、视频、教案、素材、习题、试卷、辅导材料、课改成果、设计作品、论文等教学资源上传到 pup6.com，与全国高校师生分享您的教学成就与经验，并可自由设定价格，知识也能创造财富。具体情况请登录网站查询。

如您需要免费纸质样书用于教学，欢迎登陆第六事业部门户网(www.pup6.com)填表申请，并欢迎在线登记选题以到北京大学出版社来出版您的大作，也可下载相关表格填写后发到我们的邮箱，我们将及时与您取得联系并做好全方位的服务。

扑六知识网将打造成全国最大的教育资源共享平台，欢迎您的加入——让知识有价值，让教学无界限，让学习更轻松。

联系方式：010-62750667，pup6_czq@163.com，szheng_pup6@163.com，linzhangbo@126.com，欢迎来电来信咨询。